植被阻延径流及其固土抗蚀机理

肖培青　杨春霞　焦　鹏　甄　斌　秦瑞杰　著

黄河水利出版社
·郑州·

内 容 提 要

本书在总结植被控制水土流失作用的基础上，用野外定位动态监测、野外径流冲刷、室内人工模拟降雨试验和理论分析相结合的研究方法，将植被－土壤－侵蚀作为一个水文耦合系统，围绕植被减蚀作用机理开展研究，定量表征了天然降雨和模拟降雨条件下植被减流减沙效益，阐明了不同被覆坡面水沙耦合关系与侵蚀形态特征，分析了地表阻力和土壤黏聚力对植被作用的力学响应关系，揭示了植被阻延径流及其固土作用力学驱动机制。研究成果旨在深化土壤侵蚀力学研究，为科学诠释水沙变化成因的植被减沙贡献作用提供科学依据。

本书可供从事土壤侵蚀、水土保持、生态水文、地理学等研究领域的相关科学人员阅读，也可供高等院校相关师生参考。

图书在版编目(CIP)数据

植被阻延径流及其固土抗蚀机理/肖培青等著. —郑州：黄河水利出版社，2020.8
ISBN 978－7－5509－2678－3

Ⅰ.①植…　Ⅱ.①肖…　Ⅲ.①植被－作用－水土流失－防治－研究　Ⅳ.①S157

中国版本图书馆 CIP 数据核字(2020)第 090977 号

组稿编辑：李洪良　电话：0371－66026352　E-mail：hongliang0013@163.com

出 版 社：黄河水利出版社　　网址：www.yrcp.com
地址：河南省郑州市顺河路黄委会综合楼 14 层　　邮政编码：450003
发行单位：黄河水利出版社
发行部电话：0371－66026940、66020550、66028024、66022620(传真)
E-mail：hhslcbs@126.com
承印单位：虎彩印艺股份有限公司
开本：787 mm×1 092 mm　1/16
印张：8.75
字数：202 千字　　印数：1—1 000
版次：2020 年 8 月第 1 版　　印次：2020 年 8 月第 1 次印刷

定价：48.00 元

前　言

黄土高原是世界上水土流失最严重、生态环境最脆弱的地区，也是黄河泥沙的主要来源区，党和国家对黄土高原生态建设极为重视，长期以来投入大量人力物力持续开展了大规模的水土流失治理工作，取得了显著成效。2000 年以来，随着退耕还林（草）、封禁政策实施和水土保持工作力度不断加大，黄土高原植被覆盖状况得到明显改善。同时，黄河潼关站年实测径流量由 1919～1959 年的平均 426.14 亿 m^3 减少到 2000～2016 年的平均 216.22 亿 m^3，减少了 49.3%；黄河潼关站实测输沙量由 1919～1959 年的平均 15.9 亿 t 减少到 2000～2016 年的平均 2.45 亿 t，减少幅度达到 84.6%。黄河径流输沙锐减成因中，植被措施变化起到多大作用，已成为当前人们关注的热点。因此，深化植被减蚀作用的力学机理研究不仅可以促进土壤侵蚀动力学的发展，也可为大规模退耕还林还草和植被恢复重建提供科学依据。

为此，本书基于黄河上中游地区植被覆盖显著提高与同时期黄河水沙发生锐减的背景，揭示了植被阻延径流及其固土作用的机理。全书共 8 章。第 1 章绪论，系统回顾了植被阻延径流及其固土抗蚀作用的研究背景和意义，并对国内外研究现状、研究成果及存在问题等进行了梳理。第 2 章主要介绍了野外采样、野外径流冲刷和室内模拟降雨试验等研究方法，并对野外研究区概况、试验布置、野外采样和分布情况进行了详细介绍。第 3 章从天然降雨、模拟降雨和野外模拟冲刷试验手段，分别阐述了植被的减流减沙效益作用。第 4 章从不同被覆角度阐述了坡面水沙耦合关系，以及不同立地条件下的水沙过程和坡面侵蚀形态演变过程。第 5 章介绍了不同覆盖度坡面水沙过程及被覆变化对水沙参数、水沙过程、水沙关系的影响。第 6 章介绍了地表阻力对植被作用的响应关系，分析了不同被覆坡面流阻力的变化特征，建立了基于支持向量机（SVM）的坡面流阻力系数模型。第 7 章分析了不同被覆条件下植被坡面水动力学参数特征，从单位水流功率、断面单位能量和水动力学参数角度分析了植被－土壤－侵蚀互动作用的水动力学驱动机制。第 8 章分析了植被坡面黏聚力和土壤抗剪强度变化特征，揭示了植被增强土壤抗蚀性的力学机理。

本书研究成果由国家自然科学基金“黄土丘陵区植被作用下产流机制及侵蚀动力响应”（41571276）、国家自然科学基金项目“植被多元覆盖结构对坡面产流产沙过程的调控机制”（41701326）、国家重点研发计划课题“砒砂岩区多动力复合侵蚀时空分布规律”、黄河水利科学研究院基本科研业务费专项“黄土高原植被恢复阈值与减沙潜力研究”共同资助完成。

本书协作过程中，项目组成员通力合作，进行了大量的数据整理分析工作。全书撰写分工如下：第 1 章由肖培青、秦瑞杰撰写；第 2 章由肖培青、杨春霞、甄斌撰写；第 3 章由肖培青、甄斌撰写；第 4 章由杨春霞、甄斌撰写；第 5 章由甄斌、杨春霞撰写；第 6 章由焦鹏、肖培青、秦瑞杰撰写；第 7 章由肖培青、秦瑞杰、焦鹏撰写；第 8 章由肖培青、甄斌、秦瑞杰撰写。全书由肖培青、杨春霞统稿。

另外，本书的撰写得到了姚文艺、郑粉莉、史学建等专家的指导和帮助，他们对本书的编写提出了宝贵的建议，对提高书稿质量大有裨益，在此表示衷心感谢。在本书的初稿整理过程中，黄河水利出版社编辑李洪良给予了很大帮助，在此一并表示感谢。

由于作者水平有限，书中难免出现疏漏之处，恳请读者批评指正。

作 者

2020 年 7 月

目　录

第1章 绪 论

1.1 研究背景

黄土高原是世界上水土流失最严重、生态环境最脆弱的地区，也是黄河泥沙的主要来源区，党和国家对黄土高原生态建设极为重视，长期以来投入大量人力物力持续开展了大规模的水土流失治理工作，取得了显著成效。党的十八大首次提出了“五位一体”的社会主义建设总布局，把以推进生态建设、改善生产生活环境、提高国家可持续发展能力为核心的生态文明建设摆在了突出位置。《全国水土保持科技发展规划纲要(2008—2020年)》提出，要强化水土保持若干重大基础理论与关键技术研究，明确把黄土高原地区坡地整治、生态修复、水沙调控与淤地坝等工程的科学布局列为今后的研究方向，将“水土流失区林草植被快速恢复与生态修复关键技术”作为迫切突破的重点科技任务。《国家中长期科学和技术发展规划纲要(2006—2020年)》把“生态脆弱区域生态系统功能的恢复重建”列为优先主题。《黄河流域综合规划》把黄土高原土壤侵蚀机理、水土流失数学模型研发作为黄河治理开发的重要基础研究和重大技术问题。因此，加强黄土高原水土流失防治与生态修复是国家的重大需求，开展植被作用下土壤侵蚀规律等基础性研究，揭示生态修复调控产流产沙的动力机制，符合国家关于生态文明建设和经济社会发展的战略需求，也是我国中长期科技发展和水利行业发展的重大需求，有着广泛的需求背景。

1.2 研究意义

土壤侵蚀过程实际是一个具有整体性和综合性作用的系统过程。整体性表现为土壤侵蚀作为一种过程，由动力学作用贯穿始终，诸因子的作用仅仅是对动力学过程的影响、辅助或参与；综合性表现为在动力学过程中，诸因子间存在互动耦合效应，即诸因子间有相互作用和影响。对研究土壤侵蚀来说，因子作用和效应关系是非常复杂的，建立适应的土壤侵蚀模型，首先需要对因子效应有合理的解释。土壤侵蚀的内在机理是土体的分解和土粒的搬移。土体的分解包括化学、生物学等的作用和动力学作用，而土粒搬移则是一个纯粹的动力学过程。从动力学角度研究土壤侵蚀，不但符合实际，可以进行整体和综合性把握，而且由于对力学过程数学描述的成熟，模型应用有良好的理论和方法基础。

植被是抑制侵蚀的主要自然因子。植被减少土壤侵蚀的作用包括植物枝叶对降雨侵蚀力的削弱和调节径流、缓和洪水过程，降低径流冲刷力，以及植物根系固结土壤，改良土壤物理化学性质，提高土壤抗蚀能力等综合作用。20世纪40年代以来，植被减蚀作用的机理研究一直是土壤侵蚀研究的前沿领域。坡面水力侵蚀的发生取决于坡面径流侵蚀营力与地面土壤自身抵抗侵蚀能力的对比关系。地面植被的存在，改变了侵蚀营力在坡面上的空间分布,使得坡面侵蚀过程变得更为复杂,并引起了流域产流产沙机制和水沙关系的变化。近年来,随着黄土高原退耕还林还草工程的实施,植被的减蚀作用及其机理研究成为当前研究的热点,其研究成果对黄土高原水土保持和生态环境建设具有参考价值。

黄土地区作为水土流失的重要地区,许多学者通过试验研究和定位观测对植被保土保水功效进行了大量研究,植被通过截留和拦截降雨作用进而减弱侵蚀动力的作用也取得了一些研究成果,但植被坡面侵蚀阻力的作用研究还较少。植被的减蚀作用是植被减弱侵蚀动力和增强侵蚀阻力的相互作用的过程,植被减蚀作用的阻力机理研究对揭示坡面侵蚀的内在机理有重要意义,将为建立适合黄土高原区域特性的土壤流失预报模型提供理论依据。鉴于此,以土壤侵蚀学、泥沙运动学、流体力学、土力学等学科的理论为基础,以植被坡面阻力过程动态变化分析为主线,采用野外宏观考察、定位动态监测、人工模拟降雨试验和理论分析相结合的研究方法,深化研究植被坡面水耦合关系,阐明典型植被坡面地表摩阻力对植被作用的响应关系、植被增强土壤黏聚力的作用,揭示植被-土壤-侵蚀互动作用的驱动机制,其研究成果可望对进一步开展土壤侵蚀力学研究,加强对植被减流减沙效应的力学过程新认识起到一定的促进作用,同时为黄土高原植被建设的宏观布局及流域水土保持措施配置提供科学依据。

1.3　国内外研究现状及分析

植被在削减径流能量和分散径流的同时,增加了地表糙率,延缓了地表径流的流速和产流时间,又由于根在生长过程中在土壤中挤出通道,在其衰老或死亡后收缩留出空隙,在土壤中产生了较多空隙,使地表径流能顺着根土接触面和这些通道、空隙渗入土壤,有助于持续保持土壤的孔隙系统,加强土壤透水性,增加了土壤渗透能力和雨水入渗的机会和时间,减少了地表产流量。因而,草本植被能够更直接地保护表土不受侵蚀,具有控制土壤流失的潜能。1947 年,美国学者 Musgrave 首次提出了植被作用系数,并引入了美国东部和中部土壤流失方程中,20 世纪 50 年代,国外学者 Smith 和 Wischmeier 等对植被保土作用进行了深入研究。20 世纪 60 年代,国内学者朱显谟提出植树种草是治理黄土高原水土流失、改善生态环境的主要措施之一。近几十年以来,国内外学者在植被减水减沙效益、植被阻滞地表径流、增强土壤抵抗侵蚀特性等方面取得了一定进展。

1.3.1　植被控制土壤侵蚀的作用

大量的研究结果分析了植被的减流减沙作用。Cerda[1]通过对退化土地生态系统恢复的研究,提出土壤的侵蚀特征和水动力学特征不仅可以作为生态系统退化程度的指标,而且可以作为土地生产力的重要参数。Carrol 等[2]通过对矿区土壤与弃土上的植被恢复过程研究发现,在不同类型的土地上,植被对侵蚀的影响是占主导地位的,植被覆盖的存在可以保护土壤团聚体免遭降雨的破坏,减弱雨滴击溅侵蚀,避免土壤大空隙的堵塞。侯喜禄和曹清玉,罗伟祥等,董荣万,焦菊英和王万忠利用野外径流小区资料分别建立了植被盖度与侵蚀量的回归关系[3-6]。侯喜禄和曹清玉[3]通过野外草地径流小区试验,对比研究了不同沙打旺草地的蓄水保土效益,以及不同生长年限沙打旺草地一次暴雨中的水保效益。熊运阜等[7]通过对绥德、延安、离石等河龙区间黄土丘陵区野外径流小区实测资料的系统分析，结合梯田、林地、草地的减水减沙机理，引入径流、泥沙水平和措施质量概念，分析得出土壤流失率随着草地覆盖度的减少呈指数增加趋势，尤其是平水年较丰水年和枯水年增加趋势更为显著。白志刚[8]通过分析绥德80年一遇日降雨量(120 mm)条件下草地、农耕地的侵蚀模数，发现草地与坡耕地相比，可以减少侵蚀70%～90%，减蚀效果非常明显。各地人工牧草地的减水减沙效益都表明其显著的减蚀作用。封沟育草的试验也表明，封禁后杂草得以恢复，覆盖度增大，封禁草地比不封禁草地水保效益显著提高。吴钦孝和赵鸿雁总结了黄土高原人工防护林生态效益[9]。在相同雨强条件下，裸地小区的产流量最大，为荒草地的6倍，为灌木地的2.4倍，裸地远大于有林草覆被小区；同时裸地小区的产沙量最大时是灌木地的82倍，是荒草地的150倍，可见林草覆被大大减少了黄土坡地的土壤侵蚀；在各次降雨过程中，灌木地的平均入渗率为90%，荒草地的平均入渗率为85%，而裸露地的平均入渗率为60%且远低于林草覆被黄土坡地[10]。

唐克丽等[11]在子午岭林区的研究也发现，当地表植被生长良好时，降雨、地形、坡度等因素对土壤侵蚀量的影响很小。白红英等[12]通过野外人工降雨试验，发现天然草地基本上不发生径流和土壤流失。天然草被破坏开垦后，土壤入渗量减少了50%～60%，产流量增加1 273～3 050 m^3/ km^2，产沙量增加500～1 700 t/ km^2。分析认为，草被一旦被破坏，雨滴直接打击地表，细小的颗粒下渗，很快堵塞了土壤孔隙，造成雨水下渗受阻，入渗速度减慢，产流时间提前。刘斌等[13]以1954～2004年南小河沟流域水文气象观测资料及所布设的林地、草地径流场观测资料为数据源，进行坡面侵蚀强度与径流指标、降水指标、植被覆盖指标之间的定量分析，结果表明：林草植被措施减轻坡面侵蚀的作用明显；防治水土流失的林草植被覆盖度以40%～60%明显分界；从防治水土流失的角度出发，黄土高塬沟壑区人工林地和草地建设的有效植被覆盖度应不小于60%和50%。长期以来，植树种草作为控制和防治水土流失的重要措施已被广泛应用。

近年来，也有不少的学者从能量角度研究植被林冠对降雨动能的影响[14-15]，从植被地表糙率的研究来分析林地地被物对径流流速的阻延作用[16]，以坡面侵蚀物理过程为出发点，建立描述有林地和无林地的坡面霍顿地表径流侵蚀数学物理模型，评价林木对土壤侵蚀的控制作用[17]。所有这些研究结果对定量化研究植被对土壤的控制作用有一定的意义。国外学者从恢复生态学的观点和原理出发，对植被恢复过程中的水沙效应和水文效应等方面的问题进行了大量研究。

1.3.2　植被变化与水沙关系

被覆变化对水沙关系的影响研究多以流域尺度为研究对象[18-21]，其中坡面被覆变化对整个流域的产流产沙和水沙关系的影响大都未进行剥离或量化，且从研究区域看，以长系列流域卡口站水沙资料为基础开展的被覆变化对水沙过程的研究多为黄土丘陵沟壑区。余新晓等[18]以1982～2000年甘肃天水吕二沟地区的水文气象观测资料与遥感资料为数据源，通过对流域产沙强度与径流指标、降水指标、植被覆盖指标之间的相关与多元回归分析，发现流域产沙强度随径流指标、降雨指标的增加而增大，随植被覆盖指标的增加而减小。植被覆盖度和降水变化对吕二沟流域土壤侵蚀量变化的贡献率分别为

45.17%和54.13%。刘淑燕等[19]以陕西黄土丘陵沟壑区内相邻的2条支沟(桥子东沟和桥子西沟)为研究对象,研究了小流域水土保持措施对径流输沙的影响,结果表明:在黄土丘陵沟壑区,增加土地被覆能够有效地减少小流域的径流量、产沙量;在次降雨量、降雨强度较大和土地利用变化明显时,两流域次降雨水沙关系差异显著。根据黄土高原高含沙水流的特点,郑明国等[20]认为次暴雨的产沙模数和径流深可用线性正比关系式来表示,在此模型基础上,以晋西黄土丘陵沟壑区的羊道沟和插财主沟为研究区域,探讨了各种坡面水土保持措施及植被对流域水沙关系的影响。

许炯心[21]以黄河中游多沙粗沙区代表性支流无定河为例,以1956~1996年41年的资料为基础,研究了降雨量变化的背景下水土保持措施对无定河流域侵蚀产沙的影响,结果说明水土保持措施起了很大作用,实施水土保持措施以后,产沙模数、径流系数和汛期径流能够被降水所解释的百分比分别由69%、80%和77%下降为26%、31%和54%。和继军等[22]采用室内模拟降雨试验的方法,研究了塿土和黄绵土的坡面细沟发育过程及水沙关系,指出不同土壤抵抗降雨的强度不同,塿土较黄绵土更容易产生细沟,且含沙量与侵蚀速率的变化规律与坡面跌坎和细沟的形成具有同步关系。崔灵周等[23]提出并应用了地貌分形信息维数代替以往常用的地貌形态指标,并基于分形理论、GIS技术和多元回归统计方法,以黄土高塬丘陵沟壑区第一副区的岔巴沟流域为例,对流域地貌形态与降雨侵蚀产沙耦合关系进行了初步探讨,尝试了坡面侵蚀形态与侵蚀产沙相关关系研究的新技术、新理论的应用。

1.3.3 植被阻延地表径流运动特征

坡面流是指由降雨形成、在重力作用下沿坡面运动的浅层水流。它是降雨量超过土壤入渗及地面洼蓄能力后产生的,经由地表汇入河道,是形成河道水流的主要组成部分,有时也称为片流或漫流[24]。坡面流是污染物迁移、土壤侵蚀及产沙的主要动力因素,研究其阻力规律对于认识坡面汇流、土壤侵蚀、产沙的机理是极其重要的。坡面流阻力是反映坡面流特性的一个关键参数,其特性远比河道水流复杂,受坡面地形地貌特征、土壤质地、植被覆盖密度和类型及降雨强度和历时等条件影响,形式颇为复杂,因而在理论上很难描述和模拟。20世纪70年代以来,人们主要通过试验对坡面流阻力进行了大量的研究工作,包括室内或室外模拟降雨、放水冲刷两种方法。对坡面流阻力的研究主要是借助于明渠水流阻力概念和相应的表达方法,如Darcy－Weisbach阻力系数、Chezy系数和Manning糙率系数等。Abrahams[25-26]、Emmett[27]、Foster[28]、姚文艺[29]、吴普特[30]、张科利[31]、丁文锋等[32]、张光辉[33]、王文龙[34]、李占斌[35]分别在不同的条件下研究了坡面水流阻力系数,但因为试验条件、地形条件、测量方法等方面的不同,得出的结果也不尽相同。

植被在削减径流能量和分散径流的同时,增加了地表糙率,减缓地表径流流速,推迟产流时间,从而达到减少产沙的效果。Abrahams[36]于1994年深入研究了亚利桑那州南部有草地覆盖和灌木丛覆盖的山坡坡面流阻力特征。其研究结果表明,在草地覆盖的山坡上f—Re的关系呈正相关,而在灌木丛覆盖的山坡上f—Re的关系呈负相关。国外学者的研究主要集中于坡面流阻力系数、雷诺数和弗劳德数的相关关系方面。Horton[37]认为坡面流是一种混合流,在湍流中间点缀有层流。Emmett[38]认为坡面流区别于普通的层流、紊流及过渡流,该水流流态具有紊流性质,同时具有大部分层流特征,称其为“扰动流”。Gilley 等[39]通过对野外 11 个小区降雨条件下细沟流等参数的测定,确定坡面细沟流存在多种流态。Hsieh 等[40]用多孔介质弹性理论研究了植被覆盖状况下坡面层流的特征,认为植被阻塞系数和植被孔隙度是影响水流特性的重要因素。李勉等[41]研究表明坡面沟坡系统坡面流平均曼宁糙率系数和平均阻力系数与放水流量关系密切,随着流量的增大,两系数在有草被覆盖断面呈减小趋势,在无草被覆盖断面呈增大趋势。潘成忠等[42]、田凤霞等[43]通过室内模拟降雨试验研究了不同盖度草地的坡面流阻力变化,发现草地坡面阻力系数随草地盖度的增大而增大,其值均大于裸地坡面相应的阻力系数。于国强等[44]通过利用野外模拟降雨试验,研究不同植被类型的侵蚀产沙、径流、地表糙度和入渗规律及相关关系,发现植被覆盖度越大,地表糙度变化越小,且草地具有直接拦沙的水土保持功效,该机制通过地表植被对水沙的调控作用体现。肖培青等[45]利用人工模拟降雨试验,定量研究了在 45 mm/h、87 mm/h 和 127 mm/h 降雨强度下,20°陡坡面裸地、草地和灌木地的坡面侵蚀临界水流能量。结果表明,不同植被条件下坡面输沙率随径流切应力、单位水流功率和断面比能的增大而增大,有良好的响应关系。以往学者对坡面流阻力规律的研究多是裸地或草被覆盖下的试验分析,这些研究较少涉及灌木覆盖对坡面流阻力特性的影响。

1.3.4　土壤抵抗侵蚀能力研究

地表径流是发生侵蚀和搬运泥沙的主要动力。Bryan 等[46]、Bui 等[47]、Elliot[48]、Poudel 等[49]、Moir 等[50]、Olson 等[51]大量的研究表明,植被可以改善土壤参数,如土壤紧实度、密度、水稳性团粒含量、有机质含量、渗透性能等,并增强土壤抗侵蚀性能。据朱显谟[52]研究,山西省中阳县侧柏 - 灌木林和油松 - 灌木林地土壤的团粒结构一般在 46% 以上,而非林区多在 10% 以下。蒋定生[53]对子午岭林区新垦林地土壤与非林地土壤进行渗透试验表明,20 ~ 50 cm 深度土层的渗透率相差 1.4 ~ 1.9 倍。我国东北大小兴安岭林区,表土层的植物根系盘根错节,犹如海绵体,即使在坡度很大的坡地上也不发生侵蚀。子午岭林区每 100 cm^3 土中含根量 2.65 ~ 3.5 g,而农地土壤的含根量一般不足 1.0 g,二者表土的单位水流冲刷量相差数十倍。

朱显谟和田积莹[54]在 20 世纪 50 年代就提出土壤抗冲性、抗蚀性的概念,在 70 年代开始了这方面的研究,并认为,黄土与黄土区土壤的渗透性强和抗冲性弱的特征,完全与黄土沉降方式中形成的黄土颗粒的“点棱接触侧斜支架式多孔结构”有关,黄土堆积以后由于植被的生长,尤其是一定数量根系的上下串联缠绕固结作用,才使得黄土的这种支架接触式多孔结构得以保存和巩固,这种作用使土体有较高的抗蚀强度,从而大大提高了土壤的抗冲性、抗蚀性。关于植被地下部分根系强化土壤入渗作用的定量研究方面,不少的学者开展了广泛的研究,其中以李勇、刘国彬的研究最具有代表性。

李勇等[55]对黄土高原地区乔灌草根系与土壤物理性质的关系进行了研究,结果表明植物根系强化土壤抗冲性的能力主要取决于有效根密度在土壤剖面中的分布盘绕状况。有效根密度的物理基础是 100 cm^2 土壤截面上小于或等于 1 mm 的须根的个数,并从定量

描述不同土层深度处根系强化土壤抗冲性的特征及减沙效应入手,建立了植物根系对提高土壤抗冲性的有效性方程:

$$Y = \frac{K \cdot R_d{}^B}{A + R_d^B} \tag{1-1}$$

式中:Y 为根系减沙效应(%);R_d 为有效根密度,个/100 cm^2;K 为根系减沙效应所能达到的最大值(%),其值大小随 R_d 总量及其在土壤剖面中的分布规律而异。

当 $Y = \frac{K}{2}$时,$A^{1/B} = R_d$,故 $A^{1/B}$是根系减沙达到最大效应值一半时的有效根密度,因此 $A^{1/B}$是根系提高土壤抗冲性能有效性的特征参数,可以定量评价根系提高土壤抗冲性的强弱。

刘国彬等[56]从根系减沙效应作用方面对该公式提出了改进,并从生物力学角度对根系的抗拉力进行了研究,结果表明当坡面发生侵蚀时,被根系缠绕串联的土壤的流失不是由于毛根的断裂,而是由于根－土分离造成的。刘国彬[57]还以黄土丘陵区处于不同恢复阶段的草地为对象,采用野外测定与人工模拟试验相结合的方法,首次系统地研究了植被恢复过程中土壤抗冲性的时空动态特征及植物根系、化学元素积累和影响,以及抗冲性土体构型的诸因素在植被演替过程中的变化,并对比分析了天然草地和人工草地强化抗冲性的不同机制。在对根系生物力学特征系统分析的基础上,指出植物毛根强化土壤抗冲性的3种作用方式:网络串联作用、根土黏结作用及根系生物化学作用,并建立了相应的机制模型。查小春和唐克丽[58]对开垦前后林地土壤的抗蚀性做了研究,发现随着侵蚀年限的增长,土壤的抗蚀性呈减弱趋势。所有这些研究结果揭示了植被根系提高土壤抗冲性的机理,为深入研究植被的水土保持功效提供了研究思路。

土的抗剪强度是指土在外力作用下滑动时所具有的抵抗剪切的极限强度。一般将土的抗剪强度分为两部分,即黏聚力和内摩擦力,前者与垂直压力无关,而后者则随垂直压力而变化,与垂直压力成正比。一般采用库伦公式表示土壤抗剪强度与黏聚力和内摩擦力之间的关系:

$$\tau = \sigma \tan\varphi + C \tag{1-2}$$

式中:τ 为抗剪强度,kPa;σ 为垂直压力,kPa;φ 为内摩擦角,(°);C 为黏聚力,kPa。

土体的稳定性与土壤的黏聚力、内摩擦力有很大关系,因而抗剪强度是一个能反映土体抗蚀、崩塌、滑坡的重要指标。

国外土壤侵蚀力学研究者认为土壤抗剪强度与土壤侵蚀力学过程紧密相关,Torri[59]认为表层土壤抗剪强度可以作为评价抗侵蚀性的指标。Tien[60]、Waldron[61]等通过试验认为,植物影响土壤抗剪强度的主要因素是植物根系的形态和根系在土体中的几何分布。Gray[62]、O'Loughlin[63]、Ekanayake等[64]也都认为,有根系的土壤比没有根系的土壤在达到土体破坏前,能承受较大的抗剪位移。Waldron等[65]通过试验认为,植物影响土壤抗剪强度的主要因素是植物根系的形态和根系在土体中的几何分布。Endo等[66]在野外进行的大体积带有树根的土体直剪试验,都表明单位体积土体中每增加1 kg树根,土体抗剪强度平均增加3.5 kPa,这个数字有助于大致估计树根对土体抗剪强度的贡献量。这些成果揭示了植被对土壤抗剪强度的影响,为深入研究植被固土的力学机制有着重要的意义。

目前,国内对抗剪强度的研究主要偏重于计算建筑物地基稳定和边坡稳定方面。近年来,国内一些学者用抗剪强度作为土壤抗侵蚀的指标。范兴科和蒋定生[67]认为,植物根系的存在能明显地改善土壤的物理性质,因而在一定条件下,可以把土壤抗剪强度的增加归结为植物根系存在的结果。代全厚和张力[68]通过对嫩江大堤植物根系对土体抗剪强度研究发现,土体的抗剪强度与根量呈显著的正相关。解明曙[69]提出了根系提高坡面土体抗剪强度增量的计算方法,当根系刚松动而未动的时刻土壤抗剪强度最大值为$\tau_{max}=C+\sigma\tan\varphi_1$,整个剪切面贯通时瞬间土壤抗剪强度的最小值为$\tau_{min}=C+\sigma\tan\varphi_2$,根系增加的土体抗剪强度为$\Delta\tau=\tau_{max}-\tau_{min}=\sigma(\tan\varphi_1-\tan\varphi_2)$。研究结果表明,林龄6~10年的白榆根系提高土体的抗剪强度为0.04 kg/cm²,10~19年、20~29年、30~40年、>40年的白榆根系,提高土体的抗剪强度分别为0.08 kg/cm²、0.13 kg/cm²、0.15 kg/cm²、0.18 kg/cm²。程洪等[70]对国内外的根系抗剪切模型进行的系统总结表明,土体抗剪强度提高值(ΔS)完全依赖于根的平均抗拉强度(Tr)和根的面积比(Ar/A)。

1.4　存在的问题

综上所述,国内外在植被控制水土流失作用研究方面取得了明显进展,在植被作用下土壤抗蚀性特征及其表述指标等方面进行了分析研究工作,从土壤理化性质方面阐明了植被增强土壤抗蚀性的机理,在植被减流减沙效应及其机理方面取得了重要进展。目前,植被与坡面产沙的关系研究多侧重于植被对侵蚀的调控机理方面,一般是通过不同植被坡面的野外径流小区资料,研究不同植被类型、坡度和盖度等条件下的水土保持效应。在国外,草地拦蓄泥沙的模拟试验主要集中在缓坡,在国内,利用径流冲刷试验对有关草地拦蓄坡面上方来沙的研究取得了一定进展,但开展灌木草地的拦沙机理试验研究几乎没有。鉴于目前研究手段和测定方法的限制,尚有一些问题有待进一步研究:

(1)关于植被作用下土壤抗蚀性特征及其表述指标等方面进行了大量的经验统计分析研究工作,从土壤理化性质方面阐明了植被增强土壤抗蚀性的机理,但是从力学的角度揭示植被固土作用及其增强土壤抵抗径流搬运能力的研究还很薄弱。

(2)在野外被覆变化对坡面水沙关系影响的研究并不多见,而坡面水沙关系是认识流域水沙关系的基础,因此有必要结合野外被覆变化特点开展被覆与坡面水沙关系的相关研究。

(3)目前,植被减流减沙的室内过程模拟有了初步研究成果,利用水流冲刷试验研究了坡面表层流速等水力学参数的变化,但是从力学的层面全面揭示对植被-土壤-侵蚀互动作用的机理分析还几乎没有。

鉴于此,在已有研究工作的基础上,利用野外径流小区动态监测和室内径流小区人工模拟降雨试验,深入研究陡坡度坡面在布设灌木和草地植被措施后的坡面侵蚀动力和抗侵蚀力的差异,从力学角度揭示植被增强土壤抗蚀作用的力学关系,揭示植被-土壤-侵蚀互动作用的水动力学驱动机制,其研究成果能够促进土壤侵蚀过程力学研究的新进展,同时为黄土高原植被建设的宏观布局及流域水土保持措施配置提供科学依据。

第2章 研究思路与方法

2.1 野外试验区概况

研究区分别选择在黄土丘陵沟壑区第一副区绥德辛店沟流域、黄土丘陵沟壑区第二副区延安燕沟流域和水蚀风蚀交错区神木六道沟流域。

绥德辛店沟流域位于无定河流域中游左岸的韭园沟流域和裴家峁沟之间,是综合治理与单项措施研究的基地,测站控制面积1.77 km^2,是黄土丘陵沟壑区第一副区综合治理与单项措施研究基地,分散布设不同措施水保径流场乔木林、灌木林、乔灌混交林、草地、农地、休闲地、梯田等10多个蓄水拦沙径流小区,进行水土保持措施效益观测,为水土保持措施效益研究提供了大量原始数据。辛店沟流域采样位置位于2007年建成的水土保持监测小区,分别在裸地、草地和灌木坡面采取力学样。草被种类主要为苜蓿,覆盖度约90%。灌层为柠条,灌层投影盖度85%。

延安燕沟流域属延河二级支流,流域面积约47 km^2,属于典型的黄土丘陵沟壑区。2003年中国科学院水土保持研究所在陕西省延安市燕沟流域根据沟间地坡面状况共设立了三个径流试验区观测区,分别为多年退耕撂荒灌丛径流区、退耕撂荒地径流区、常规耕作条件下的裸地径流区。三个小区其坡向基本为半阳坡,坡位为半阳坡的中上部,坡度20°~23°,坡面较为平整,每一小区设计为(2×16) m^2,周围用浆砌砖块围护,下部体积为1 m^3的小区径流泥沙观测槽。燕沟流域采样位置位于2003年的退耕小区,分别在退耕撂荒地、退耕草地和退耕灌木地坡面采取力学样,草被种类主要为茅草和艾蒿等,灌层群落为白芨梢、柠条等,草被和灌木覆盖度都在90%以上。

神木六道沟流域处于水蚀风蚀交错的强烈侵蚀中心,地处毛乌素沙漠的边缘。流域面积6.9 km^2,主沟道长4.21 km,自南而北流入窟野河的一级支流三道河。植被类型为干旱草原,地貌类型为片沙覆盖的梁峁黄土。六道沟小流域采样地类为自然黄土坡面、天然草地和人工植被坡面,天然紫英植被盖度约90%,人工草被坡面为新栽植的苜蓿,生长期为4个月,草被盖度约为85%。

2.2 野外力学土样采集与试验方法

选取黄土丘陵沟壑区典型流域径流场为野外试验场地,辛店沟流域和燕沟流域土样分别制裸地、草被和灌木土样各3组;六道沟流域分别取裸地、天然草被和人工草被土样各3组。采样位置见图2-1。

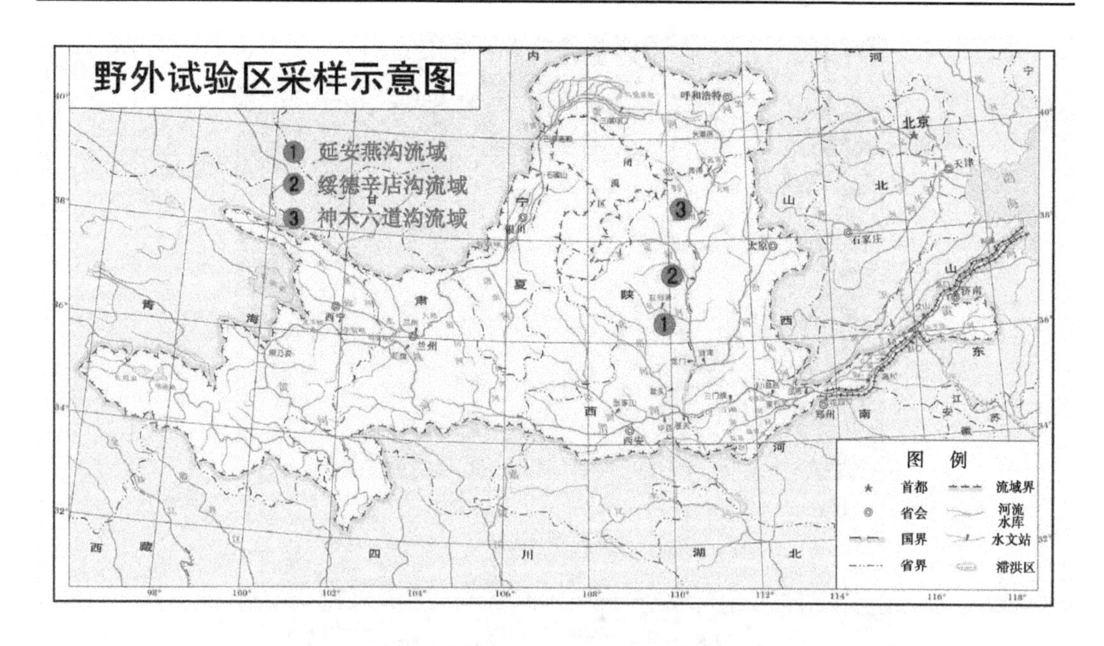

图 2-1　野外试验区采样示意图

植被坡面选取的土样含有一段主根和若干侧根，裸地土样是同一地带不含任何植物根系的原状土。先将长 20 cm 的 PVC 管放入土中，分别在不同被覆坡面相同根长深度范围内（自根茎下 10 ~ 30 cm 处）进行取样。采样完成后，对不同立地条件下植被坡面原状土块进行土力学剪切试验，利用直剪仪测定不同坡面的土壤黏聚力，揭示植被盖度、类型对增加土壤黏聚力的作用，由此认识植被对提高土壤抗蚀力的力学机理。

辛店沟流域取样位置位于 2007 年建成的水土保持监测小区内的农地、草地和灌木坡面（见图 2-2 ~ 图 2-4）。植被盖度约 90%，草被种类主要为苜蓿，大部分草本植物根系主要分布在地表 30 cm 以内土体的深度，根系深度可超过 50 cm。灌层种类为黄土高原常见的柠条，生长良好，高度 60 ~ 80 cm，冠幅 50 cm × 60 cm，灌层投影覆盖度 85%，小区内树木分布较为均匀，植株密度 3 株/m^2。

延安燕沟流域裸地、草地和灌木坡面分别采取力学分析土样（见图 2-5 ~ 图 2-7）。草被盖度约 90%，种类主要为禾本科的茅草、荩草，菊科的青蒿、艾蒿等。受土壤水分的限制，大部分草本植物根系主要分布在地表 30 cm 以内土体的深度，少量植物种类根系分布比较深，如茅草根系深度可超过 50 cm，但随深度增加根系显著减少。灌层群落建群种为白茇梢，生长良好，高度 60 ~ 80 cm，冠幅 50 cm × 60 cm，灌层投影覆盖度 85%，小区内树木分布较为均匀，植株密度 3 株/m^2。

神木六道沟流域盖沙区植被对土体抗剪强度的影响，分别在撂荒裸地坡面、白蒿自然草被坡面、人工苜蓿草被坡面采取力学样（见图 2-8 ~ 图 2-10）。自然草被盖度约 90%，种类主要为白蒿等，大部分草本植物根系分布在地表 30 cm 以内土体的深度，根系深度可超过 50 cm。人工草被坡面为新种植的苜蓿，生长期为 4 个月。

野外土样采集后，尽量避免 PVC 管内土体振动，轻轻带回实验室，再将预先粘好的胶

图 2-2　草被坡面取样(一)

图 2-3　灌木坡面取样(一)

带划开,试样制取严格按照《土工试验规程》(SL 237—1999)进行。试样制作过程中,小心用剪刀剪断环刀外相连的根系,将制备完成的试样放在环刀盒内,放置在应变控制式直剪仪上进行剪切试验(见图 2-11)。试验时,首先开启计算机土工试验数据采集处理系统,然后由杠杆系统通过加压活塞和透水石对试件分级施加 50 kPa、100 kPa、150 kPa、200 kPa 垂直压力,使土样在上、下盒的水平接触面上产生剪切变形,直至破坏,通过量力环的变形值计算剪应力大小,土壤的抗剪强度用土壤剪切破坏时的剪应力来度量。

图2-4　裸地坡面取样(一)

图2-5　草被坡面取样(二)

图2-6　灌木坡面取样(二)

图2-7　裸地坡面取样(二)

图 2-8　撂荒裸地坡面

图 2-9　白蒿自然草被坡面

图 2-10　人工苜蓿草被坡面

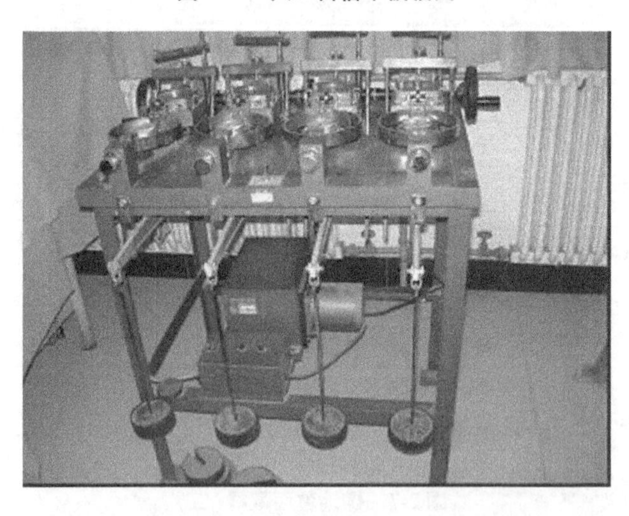

图 2-11　应变控制式直剪仪剪切示意图

2.3　野外模拟冲刷试验

2.3.1　试验小区概况

野外模拟冲刷试验小区为陕西省神木市西沟乡六道沟小流域的撂荒坡面，地处黄土高原与毛乌素沙地的过渡地带，属于黄土高原水蚀风蚀交错带的强烈侵蚀中心[71-72]；地貌类型为典型的盖沙黄土丘陵区。试验小区长 4 m、宽 1 m，两侧及出口边界用石棉瓦密封，石棉瓦地面以下埋深 20 cm，高出地表 15 cm，出口接直径为 10 cm 的 PVC 管，用水泥密封并砌砖进行固定，以保证小区内径流全部从集水口流出；小区上部嵌稳流槽，通过定水头可调流量供水桶模拟装置进行设定流量的坡面径流冲刷试验。试验模拟系统概化模型见图 2-12，现场模型照片见图 2-13。

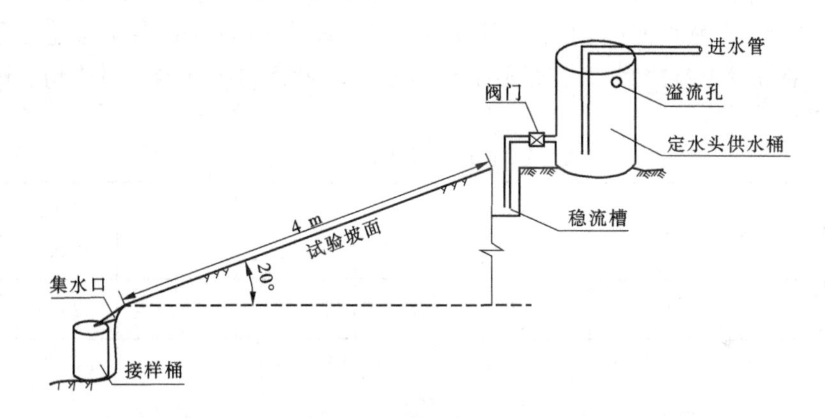

图 2-12　试验模拟系统概化模型

图 2-13　野外试验模拟系统全貌

根据神木市及周边地区多年降雨径流资料及有关研究文献,区域降雨强度范围为1.5～2.5 mm/min的居多,按小区承雨面积和蓄满产流折算试验模拟冲刷流量,同时考虑和以往试验冲刷模拟量级的可比性,冲刷流量定为4 L/min、6 L/min和9 L/min,分别模拟小雨、中雨和大雨时对应的径流量,冲刷历时为40 min。

2.3.2　试验区下垫面情况

试验区土壤以沙黄土为主,颗粒级配见表2-1。根据调查,人工草种主要为紫花苜蓿;自然修复坡面草种以当地蒿类及禾本科草为主,其被覆结构包括地上枝叶、地表枯枝叶及表土片状结皮,且地表杂草种类和覆盖度呈片状分布。根据研究区域植被特点,试验小区考虑3种被覆类型,即裸坡、人工草被和自然修复坡面,其中自然修复坡面是在已退耕3年的坡耕地上选择坡度为20°、坡面相对平整的区域围建小区,裸坡和人工草被坡面是将自然坡面上的杂草、秸秆等地被物剔除,翻深30 cm并去除根系,然后打碎土块、耙平、压实并用水平尺和坡度仪修整成20°坡面,压实和平整过程中环刀取样抽检土壤密度,以保证其接近自然坡面;人工草被采取条播紫花苜蓿进行模拟,草被覆盖度通过控制条播行距和播种量进行控制,紫花苜蓿生长期为2011年5月上旬至8月中旬。试验前植被情况见图2-14。

表2-1　试区坡面土壤颗粒级配

粒径(mm)	>1.00	≥0.5	0.50～0.25	0.25～0.125	0.125～0.05	0.05～0.025	0.025～0.005	≤0.005
分比(%)	0	0.338	5.14	5.132	25.124	23.7	23.9	16.615

图2-14　试验前植被情况照片

试验前通过样方法测草被盖度(见图2-15),用ML2x便携式土壤水分速测仪测土壤体积含水量(见图2-16),用环刀法并结合体积含水量测土壤密度,各小区基本情况见表2-2。

图 2-15　样方法测覆盖度照片

图 2-16　水分仪法测含水量

表 2-2　各试验小区基本立地条件

序号	被覆类型	覆盖度（%）	容重（g/cm^3）	含水量（g/cm^3）	坡面描述
1	裸坡	0	1.42	18.7	裸坡，原坡面拔草、翻耕打碎并均匀拍实
2	行距 20 cm	33.8～39.5	1.41	19.45	人工草被，草均高 18.5 cm，根均长 19.8 cm；单株最高 30 cm，根最长 34 cm
3	行距 15 cm	53.4～58.7	1.39	17.63	
4	行距 10 cm	71.1～87.7	1.33	16.73	
5	自然修复坡面	50.52～90.97	1.31	19.22	自然修复坡面，退耕 3 年，自然草种有长芒草、短花针茅、茵陈蒿、阿尔泰狗娃花、铁杆蒿等，坡面有块状生物结皮、枯枝叶梗近地表交错分布

2.3.3　观测及分析方法

试验前一天，对坡面均匀洒水至土壤饱和，试验当天做试验前的准备工作，包括覆盖度、土壤密度和含水量测定，稳流槽调平和流量率定。冲刷流量率定 3 次误差均在 10 mL 之内时即开始试验，稳流槽水漫流至坡面时开始计时，至坡面水流从小区出口流出为坡面产流时间，同时开始接径流泥沙样，坡面径流宽深、流速等参数的测量间隔和径流泥沙样接样间隔均为 2 min。

坡面流宽和流深测量采用直尺法，流速采用 $KMnO_4$ 颜料示踪法，坡面从上至下每 1 m 断面测量 1 次，求全坡面平均值；产沙量采用烘干法或晒干法直接测定，基于产沙量、坡面水力学参数测量计算坡面产流产沙参数和水力学参数等。

坡面侵蚀形态变化测量采用试验前后三维激光扫描（见图 2-17）和试验过程直尺测量相结合的方法。

图 2-17　坡面侵蚀形态三维激光扫描照片

2.4　室内模拟降雨试验

2.4.1　试验设计

室内模拟降雨试验在黄河水利科学研究院模型黄河试验基地进行。依据黄土丘陵沟壑区典型坡面空间分异特征和野外典型调查,量化典型坡面系统的参数特征,制作坡面模型。试验土槽长 5 m、宽 3 m、深 60 cm。试验时将土槽用 PVC 板隔成 3 个长 5 m、宽 1 m 的同样大小的土槽。土槽底部钢板钻有 ϕ 5 mm 左右的透水孔并粘有大小不等的沙粒,以降低填土和钢板之间的边界影响。试验装置如图 2-18 所示。

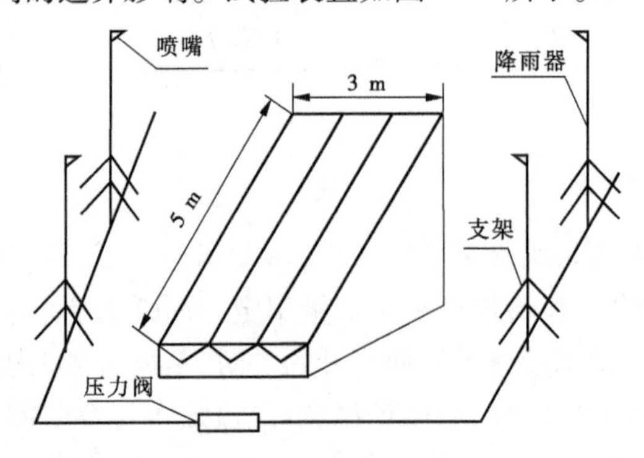

图 2-18　人工模拟降雨试验装置示意图

试验选用侧喷式降雨系统,进水口处有压力阀可调降雨强度,多余流量由回流系统重新输送至储水池。喷头孔径从 1 mm 到 8 mm,最大雨滴直径可达 5 mm,降雨雨滴组成与天然降雨接近,且降雨也比较均匀,降雨机喷头距地面距离 6 m,喷头上喷高度为 1.5 m。设计三种降雨强度为 45 mm/h、90 mm/h 和 130 mm/h,降雨的均匀性分别达到 86%、87% 和 92%。

试验包括三种降雨强度、三种立地条件,研究植被措施的减沙作用及其机理。具体的试验方案见表 2-3。

表 2-3　试验方案设计

试验区	坡度(°)	降雨强度(mm/h)	重复次数(次)
草地	20	45	2
	20	90	2
	20	130	2
灌木地	20	45	2
	20	90	2
	20	130	2
裸地	20	45	2
	20	90	2
	20	130	2

2.4.2　试验区下垫面情况

试验用土采用郑州邙山坡面表层黄土，颗粒组成见表 2-4。填土时过 10 mm 筛。填土时采取分层填土、分层压实的方法，压实后填土深度达到 50 cm 以上，其中耕层深度为 20 cm，土壤密度控制在 1.05 g/cm^3 左右；犁地层填土深度为 30 cm，密度控制在 1.35 g/cm^3 左右，土壤含水量控制在 15% 左右。另外，在填装试验土之前，为减小边界条件影响，在钢槽壁、槽底及隔板上粘一层粗颗粒石沙，槽底小孔不能堵塞，以降低填土和钢板之间的边界差别，保证土壤水自由入渗。

表 2-4　供试土样颗粒组成

粒径(mm)	>1.0	1~0.25	0.25~0.05	0.05~0.01	0.01~0.005	0.005~0.001	<0.001
百分比(%)	0	1.05	35.45	43.4	3.2	6.4	10.5

试验草被措施选用苜蓿草，苜蓿作为治理黄土高原水土流失、改善生态环境的水土保持先锋草种，在传统的农业生态系统中发挥着极其重要的作用，素有“牧草之王”的美称。通过控制种植密度控制苜蓿草盖度为 60% ~65%，模拟真实草被生长分布状况(见图 2-19)。苜蓿草平均高度为 35 cm 左右，最高达 58 cm，苜蓿草根系平均长度为 40 cm 左右，最长达 62 cm。因此，试验所种植的苜蓿草已经有较强的固土能力，可以代表野外草被的实际生长情形。

灌木措施选用紫穗槐。紫穗槐是护坡及(高速)公路、铁路两旁、荒山、沙漠、洼地及退耕还林种植的传统树种。其根系发达，生命力强，是防风固沙固水的首选植物。紫穗槐种植为“品”字形排列，种植间距为 30 cm×30 cm，试验时灌木覆盖度 70% 左右。灌木长势良好，紫穗槐平均高度为 120 cm 左右，最高达 160 cm，根系平均长度为 90 cm 左右，最长达 105 cm(见图 2-20)。

图 2-19　试验小区紫花苜蓿生长情况

图 2-20　试验小区紫穗槐生长情况

2.4.3　试验过程及观测项目

试验前一天进行降雨强度率定,选择大于或等于 3 m × 6 m 区域范围,在四角和中间位置各布设雨量桶一个,先用盖盖上,等降雨机开启降雨稳定后,揭开雨量桶盖,历时 5 min 后同时盖上雨量桶盖,然后关闭降雨机。记录每个雨量桶中的雨量(量桶量取),计算平均降雨强度,同时观察降雨强度分布是否均匀,严重不均匀时应考虑调整降雨机喷头。

试验过程中,产流后每 2 min 收集一次浑水样,将所收集的全部过程径流泥沙样进行质量和体积称量,然后可以分别换算出坡面产水量和产沙量。流速测量采用高锰酸钾($KMnO_4$)染料方法,沿坡面从上游至下游划分为 5 个断面,分断面观测其坡面流速。用测尺法每隔 5 min 量测每条细沟的长、宽、深,并结合普通照相机连续拍照和用数字化照相机定时拍照对细沟侵蚀发育过程进行动态监测。

试验结束后,量测裸地坡面和植被坡面植被生长期不同阶段草被根系的空间分布特征,同时选取相应的典型样方土块进行直剪试验,进而计算植被根系增加的抗剪强度。

第3章　植被减流减沙效益

20世纪40年代以来,水土保持措施的蓄水保土效益研究一直是土壤侵蚀研究的热点,取得了一批很有价值的研究成果[73-76]。近年来,随着西部生态环境建设退耕还林还草工程的实施,大规模植被建设与坡面水土保持措施蓄水保土效益的关系是目前水土保持及生态环境等学科领域共同关注的热点问题。水土保持措施蓄水保土效益的计算方法虽多种多样,但比较成熟的方法还不多,各种成果之间还存在着较大的差异。因此,寻求合理可信的计算方法仍是目前水土保持研究方面的一个重要课题。目前,蓄水保土效益计算方法总体来说可分为两大类:水文分析法和水土保持分析法[77-79]。传统的分析方法较直观、方便,在建立公式的资料范围内具有可靠的精度,但应用到其他地方时,其精度难以控制且有一定的难度。鉴于此,利用天然小区野外动态监测、人工模拟降雨试验和野外坡面冲刷试验研究了不同下垫面条件下坡面的蓄水保土效益,以期为水土保持措施减水减沙效益提供理论基础,也为黄土高原地区大规模退耕还林还草和植被恢复措施提供科学依据。

3.1　天然降雨条件下植被减流减沙效益

野外原型不同下垫面条件下坡面减沙效益分析选择在延安燕沟流域,该流域为典型的黄土丘陵区地形地貌,沟壑纵横,梁峁起伏,以黄土梁状丘陵为主。流域气候为暖温带半干旱气候,多年平均年降水量572 mm,降雨时空分布不均,57%的降雨集中于夏季6～9月,特别是7～8月,多以暴雨形式出现,通过暴雨频率计算,延安燕沟流域10年一遇24 h暴雨量为110 mm,20年一遇24 h暴雨量为130 mm,降雨是该流域土壤侵蚀的主要外营力,植被为由森林地带向典型草原植被的过渡类型。利用实地观测,对包括退耕还林还草不同植被恢复条件下生态重建过程中地表水沙变化进行试验研究,对定量评价林草措施的水土保持效益具有重要的意义。

3.1.1　不同植被类型坡面径流产沙和入渗变化规律

图3-1为不同下垫面小区的坡面径流深随次降雨量的变化过程,裸地小区的径流深明显大于荒草地和灌木地的径流深。在相同降雨量条件下,裸露地小区、荒草地小区、灌木地小区的径流深是依次减少的。在降雨量较小时,各小区的径流深相差不是太大;在降雨强度逐渐增大时,径流深差距逐渐增大。裸露地平均径流深是荒草地的1.9倍,是灌木地的3.8倍,表明植被覆盖度增加对黄土坡面拦水蓄水具有相当大的作用。

图3-2为不同下垫面小区的坡面侵蚀产沙量随次降雨量的变化过程。通过分析可知,在相同雨强条件下,裸地小区、荒草地小区、灌木地小区的产沙量也是依次减少的,基本上与产流量的变化趋势相同。在降雨量较小时,各小区的产沙量相差不是太大,在降雨强度逐渐增大时,产沙量差距也逐渐增大。荒草地和灌木地的产沙量除在大雨量58 mm

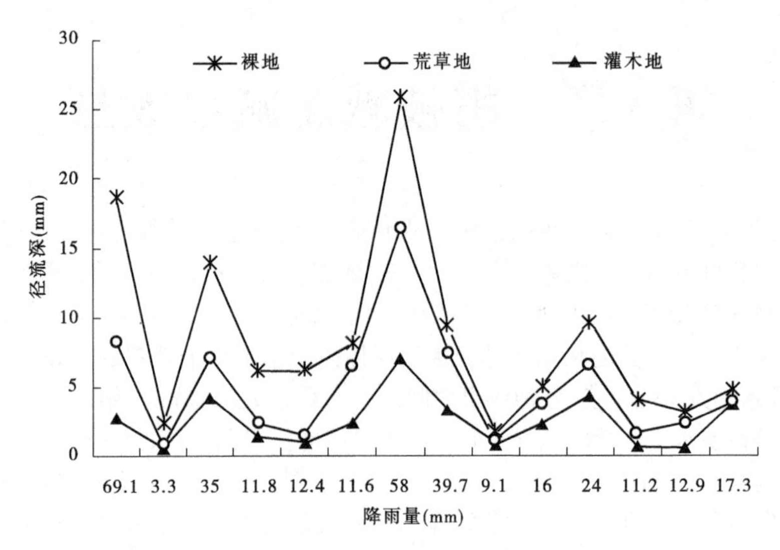

图 3-1　不同下垫面条件坡面径流深随次降雨量的变化

时有明显差异外,在其他场次的降雨情况下,两种下垫面条件下的产沙量相差很小。裸露地平均产沙量是荒草地的 33 倍,是灌木地的 51 倍,表明退耕还林还草政策的实施对黄土丘陵区的减沙效益非常明显,退耕五年的荒坡已经开始发挥相当大的作用。同时,由图 3-2 可以看出,随着降雨强度的增大,裸露地产沙量增加的趋势要大于荒草地和灌木地。

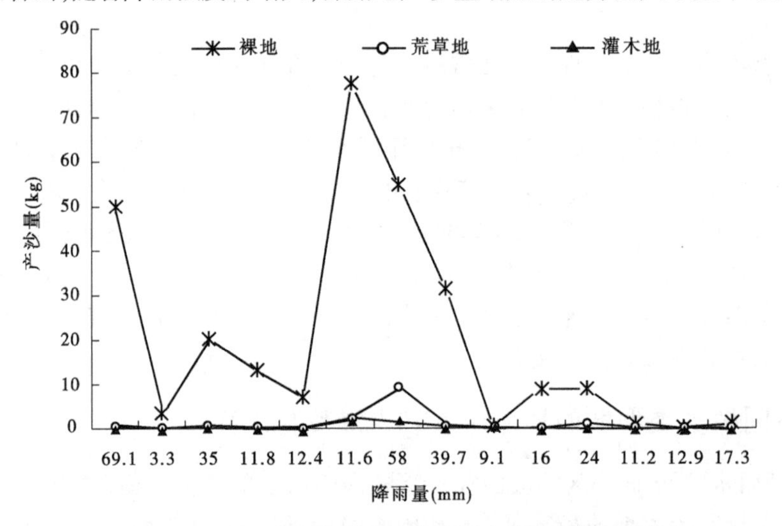

图 3-2　不同下垫面条件坡面产沙量随次降雨量的变化

从图 3-1 和图 3-2 中可以看出,不同立地条件下产流量、产沙量和入渗量随着降雨量的增大而增大,降雨量为 58 mm 的不同坡面小区产流量和产沙量大于降雨量为 69.1 mm 的产流量和产沙量,产生这种现象的原因可能是 2004 年 6 月 29 日这场降雨之前有一场 30 mm 的降雨,小区含水量高,而 2005 年 7 月 2 日虽然降雨量在监测数据中最大为 69.1 mm,但是这场降雨是 2005 年第一次侵蚀性降雨,小区含水量低,土壤入渗多,因而产流量和侵蚀产沙量较小。

图 3-3 为不同下垫面小区的坡面入渗量随次降雨量的变化过程。与图 3-1 和图 3-2 的坡面产流量和产沙量过程正好相反,在相同降雨量条件下,入渗量排序为灌木地 > 荒草地 > 裸露地。在降雨量小、降雨强度较弱时,各小区的入渗量相差不显著,例如:降雨量为 9.1 mm,入渗量集中在 7.6 ~ 8.3 mm,在中降雨量范围内,随着降雨量的增大,入渗量的差异也逐渐增加。荒草地的平均入渗量是裸地的 1.4 倍,灌木地的平均入渗量是裸地的 1.6 倍。和裸露地比较,荒草地和灌木地有植物叶片对雨滴进行截流,或者将大雨滴分散成小雨滴,降低了雨滴的溅蚀能力,使得雨水通过浸润的方式慢慢渗入土体而增强了土壤的入渗量。荒草地、裸露地在降雨量为 11.6 mm 时,入渗量出现了明显的非正常下降,可能是由于该次降雨伴随的冰雹对荒草地和裸地土壤的打击侵蚀力过强引起的;同时,灌木地在此时的入渗量与其他时候相比基本保持稳定,这说明灌木地对灾害性天气的抵抗力要明显强于荒草地和裸露地。由以上分析可知,退耕后 5 年生的灌木和草地已经开始发挥保持水土的作用。

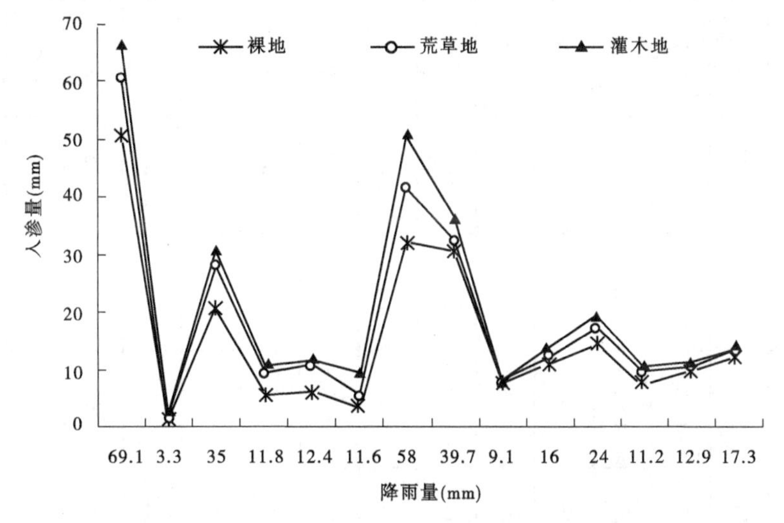

图 3-3　不同下垫面条件坡面入渗量随次降雨量的变化

3.1.2　不同下垫面小区植被减流减沙效益

表 3-1 为 14 场次降雨情况下的不同下垫面小区减流减沙效益。荒草地的减流效益为 22.1% ~76.1%,荒草地的减沙效益为 66.7% ~98.8%,荒草地的减流作用弱于减沙作用。灌木地的减流效益为 23.8% ~85.9%,灌木地的减沙效益为 66.7% ~99.3%,和荒草地一样,灌木地的减流作用也弱于减沙作用。野外原型小区坡面资料表明,荒草地和灌木地的减流减沙效益非常明显。

图 3-4、图 3-5 为不同下垫面小区坡面减流、减沙效益。从图 3-4 和图 3-5 中可以看出,除个别降雨场次外,灌木的减流作用明显大于草地的减流作用,灌木的减沙作用也略强于草地的减沙作用。从野外原型小区的资料来看,撂荒年份相同的情况下,灌木地的减流减沙作用强于草地的减流减沙作用。不同下垫面小区的坡面减流减沙效益也是坡面的径流深、产沙量和入渗量随次降雨量变化过程的体现。

图 3-6 和图 3-7 为不同下垫面小区坡面径流深和侵蚀产沙量随降雨量的变化过程,

表 3-1　2004～2005 年 14 次降雨过程中不同下垫面小区的减流减沙效益

产流日期（年-月-日）	降雨量（mm）	径流深（mm）			产沙量（kg）			减流效益（%）		减沙效益（%）	
		裸地	荒草地	灌木地	裸地	荒草地	灌木地	荒草地	灌木地	荒草地	灌木地
2005-07-02	69.1	18.7	8.35	2.63	50.1	0.59	0.51	55.3	85.9	98.8	99.0
2005-07-09	3.3	2.29	0.82	0.59	3.24	0.13	0.1	64.2	74.2	96.0	96.9
2005-07-26	35	14	7.03	4.31	20.3	0.41	0.59	49.8	69.2	98.0	97.1
2005-08-07	11.8	6.14	2.33	1.48	13	0.27	0.25	62.1	75.9	97.9	98.1
2005-09-04	12.4	6.24	1.49	0.96	6.73	0.19	0.15	76.1	84.6	97.2	97.8
2004-06-16	11.6	8.13	6.37	2.33	77.6	2.51	2.15	21.6	71.3	96.8	97.2
2004-06-29	58	25.9	16.4	7.06	54.5	9.04	1.8	36.7	72.7	83.4	96.7
2004-07-26	39.7	9.38	7.41	3.36	31.45	0.69	0.6	21.0	64.2	97.8	98.1
2004-07-27	9.1	1.51	1.01	0.84	0.24	0.03	0.01	33.1	44.4	87.5	95.8
2004-08-03	16	4.94	3.71	2.36	9.03	0.11	0.06	24.9	52.2	98.8	99.3
2004-08-10	24	9.67	6.56	4.38	8.89	1.07	0.08	32.2	54.7	88.0	99.1
2004-08-12	11.2	4.03	1.68	0.67	1.2	0.05	0.07	58.3	83.4	95.8	94.2
2004-08-19	12.9	3.03	2.36	0.55	0.03	0.01	0.01	22.1	81.8	66.7	66.7
2004-08-19	17.3	4.88	3.8	3.72	0.96	0.06	0.03	22.1	23.8	93.8	96.9

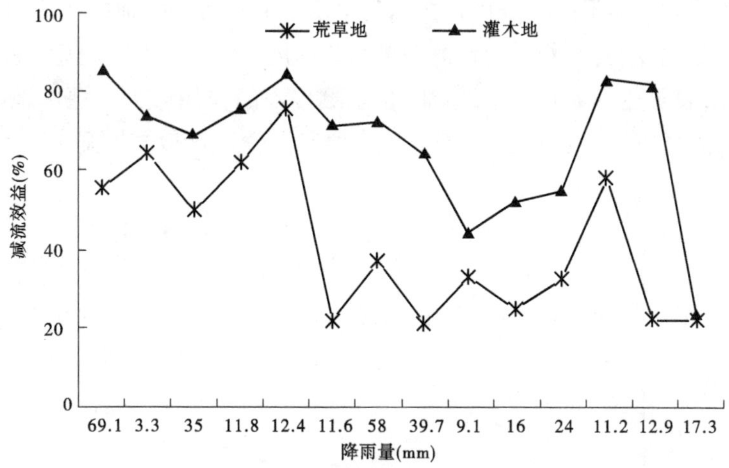

图 3-4　不同下垫面小区坡面减流效益

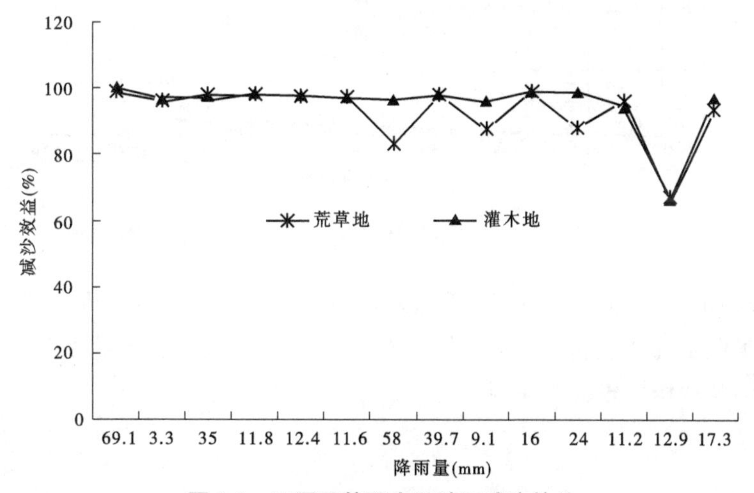

图 3-5　不同下垫面小区坡面减沙效益

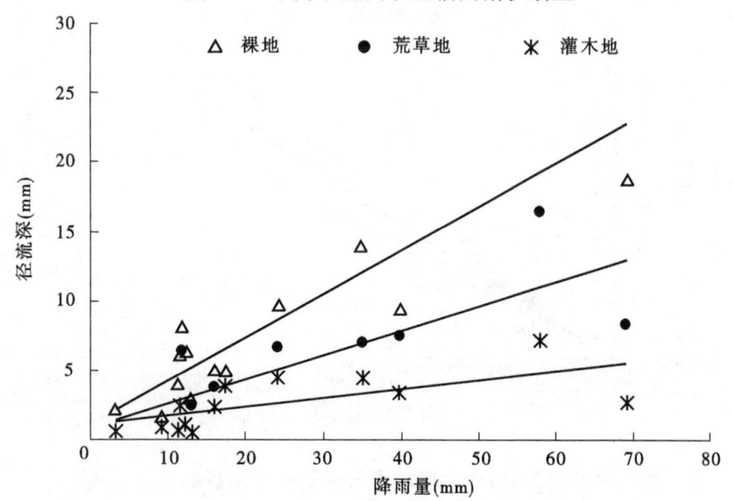

图 3-6　不同下垫面小区坡面径流深随降雨量的变化过程

各小区的径流深和产沙量随着降雨量的增大呈增大的趋势。裸地的径流深和侵蚀产沙量的趋势线斜率变化较大，随着降雨量的增多增长速度较快，明显大于荒草地和灌木地径流深的增长速度，表明荒草地和灌木地对防止土壤侵蚀的作用较大。灌木地的径流深和侵蚀产沙量增长速度较小，表明灌木较裸地和荒草地减流减沙效益明显。

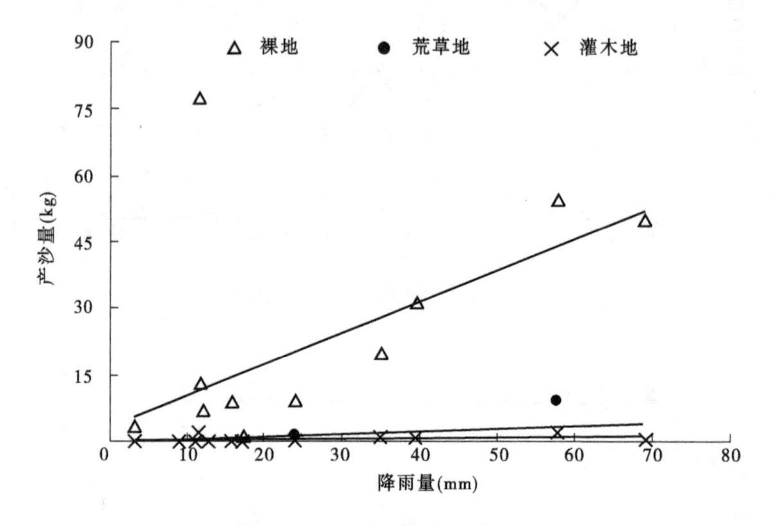

图 3-7　不同下垫面小区坡面侵蚀产沙量随降雨量的变化过程

图 3-8 为不同下垫面小区坡面入渗量随降雨量的变化过程，在相同的降雨量下，裸地的坡面入渗量低于荒草地和灌木地的坡面入渗量，灌木的坡面入渗量最大，这也补充说明了灌木地减流减沙作用较大的原因。

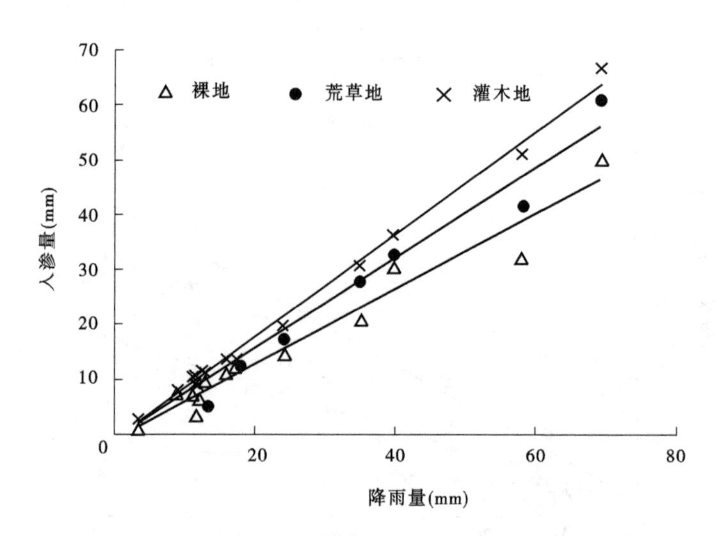

图 3-8　不同下垫面小区坡面入渗量随降雨量的变化过程

3.2　模拟降雨条件下植被减流减沙效益

利用人工模拟降雨试验,研究了 45 mm/h、90 mm/h、130 mm/h 三种降雨强度下的草地、灌木产流产沙过程,并和裸地小区进行对比分析,以草地和灌木地对裸地的减流减沙效益作为一个重要的评价指标。根据坡面措施的布设情况,采用的措施区与对照区系列为:草地 - 裸地,灌木地 - 裸地。若裸地的产流产沙量为 W、W_s,草地相对于裸地的减水减沙量为 ΔW、ΔW_s,则草地相对于裸地的减流效益($W_{水}$)和减沙效益($W_{沙}$)分别为

$$W_{水(草、裸)} = \frac{\Delta W}{W} \times 100\%,\quad W_{沙(草、裸)} = \frac{\Delta W_s}{W_s} \times 100\% \tag{3-1}$$

并以此得出灌木地相对于裸地的减流减沙效益分别为

$$W_{水(灌、裸)} = \frac{\Delta W}{W} \times 100\%,\quad W_{沙(灌、裸)} = \frac{\Delta W_s}{W_s} \times 100\% \tag{3-2}$$

不同植被措施下坡面的径流入渗率、径流流速、坡面产流速率、产沙量及其减流减沙效益结果见表 3-2。

表 3-2　不同降雨强度下坡面水分入渗、径流流速和减流减沙效益

试验区	降雨强度(mm/h)	入渗率(mm/min)	径流流速(cm/s)	产流量(L)	产沙量(kg)	减流效益(%)	减沙效益(%)
裸地	45	0.15	12.8	238.4	218.2		
	90	0.23	33.8	661.6	547.7		
	130	0.39	37.2	756.1	567.8		
草地	45	0.64	2.9	21.5	1.7	91.0	99.2
	90	0.76	6.8	159.7	5.4	75.9	99.0
	130	0.82	8.1	363.6	36.1	51.9	93.6
灌木	45	0.56	5.2	46.3	1.68	80.6	99.2
	90	1.08	6.1	129.5	3.6	80.4	99.3
	130	1.15	7.8	289.9	25.3	61.7	95.5

3.2.1　草被的减流减沙效应

雨水降落在坡面上,首先在土壤中入渗,降雨强度超过逐渐减小的土壤入渗能力,就会产生多余的水量,等这些多余的水充满地表的洼坑后,就会沿坡面流动形成坡面流。由此可以看出,坡面流对土壤水分入渗过程有一定影响。从表 3-2 可以看出,与裸地相比,在 45 mm/h、90 mm/h、130 mm/h 降雨强度下,草地坡面土壤的入渗率明显高于裸地土壤,草地的平均入渗率是裸地的 2.1 ~ 4.2 倍。相对于裸地,草地由于地被物的存在,大大阻碍了水流运动,坡面径流深加大,进而有更充分的时间下渗到土壤,坡面产流时间为 1 min 30 s ~ 2 min 40 s,草地则为 10 min 35 s ~ 17 min 48 s。草地具有明显的延迟径流产

生及产流后的汇流过程，不仅增加了径流在草地坡面入渗的时间，还明显提高了草地坡面的径流入渗量。另外，草地坡面相对于裸地，其糙率增加使得水流流速明显降低，草地坡面径流流速比裸地减少77.3%～79.8%，流速减小导致径流搬运泥沙和径流剪切土壤的能力下降，从而引起侵蚀产沙量减小。

草地的水土保持效应主要是通过草被的地上和地下两部分共同实现的，地上部分主要是通过对降雨截留、增加径流入渗量和减少地表净雨量，以及增加地表糙率、减少径流流速和降低径流对地表的冲刷能力多方面来实现的，而地下部分的作用主要体现在根系增强土壤的抗冲性能。试验条件下，草被坡面具有显著的减流减沙效应，草地产流速率减少51.9%～90.9%，产沙量减少93.6%～99.2%，草地削减径流作用弱于产沙作用。随着降雨强度的增加，草地和裸地产流速率和产沙量都呈增加的趋势，但是草地的减流减沙效益随着降雨强度的增加呈下降的趋势，这是因为草地的减沙效应受到了降雨强度和下垫面条件发育形态的共同影响，在45 mm/h降雨强度时，由于草地没有细沟产生，草地坡面基本保持平整状态，草地减流减沙影响效应相对于裸地非常明显。降雨强度的增大，增加了坡面径流动力，草地沿程坡面跌坎和断续细沟的出现使产流速率和产沙量明显增加，削减了草地的减水减沙作用。

3.2.2　灌木的减流减沙效应

表3-2为不同降雨强度下坡面水分入渗、径流流速和减流减沙效益，从表3-2可以看出，与裸地相比，在45 mm/h、90 mm/h、130 mm/h降雨强度下，灌木地坡面土壤的入渗率明显高于裸地土壤，灌木地平均入渗率是裸地的2.9～4.7倍。相对于裸地，灌木由于枝干的截留作用和地被枯落物的存在，具有延迟径流产生的作用，45 mm/h裸地坡面产流时间为1 min 30 s～2 min 40 s，灌木地则为6 min 20 s～9 min 30 s。另外，灌木地坡面径流流速比裸地减少59.3%～81.9%，从而引起灌木地坡面侵蚀产沙量较裸地坡面产沙量减小。

试验条件下，灌木坡面具有显著的减流减沙效应，灌木地产流速率减少61.7%～80.6%，灌木地产沙量减少95.5%～99.2%，灌木地削减径流作用弱于产沙作用。灌木地坡面的产流速率和产沙量随着降雨强度的增加而增加，而减流减沙效益随着降雨强度的增加呈下降的趋势，这和草地的减流减沙效应规律相同。可以看出，降雨作为坡面侵蚀产沙的主要动力，是坡面侵蚀产沙的一个重要影响因素，但是也受到了植被措施和不同被覆条件的影响。

从表3-2也可以看出，在45 mm/h降雨强度下，草地的减流减沙作用较明显，而在90 mm/h和130 mm/h降雨强度下，草地的减流减沙作用弱于灌木的减流减沙效应。因而，在布设坡面水土保持措施时，在较大降雨强度时，选用水土保持灌木措施有较好的固土作用。

3.3　野外模拟冲刷条件下植被减流减沙效益

模拟冲刷试验选择在神木六道沟流域，冲刷流量为4 L/min、6 L/min和9 L/min，5种覆盖度，包括0、33.6%～39.5%、47%～53.4%、56.4%～59.7%、71.1%～87.7%。统计人工草被、自然修复坡面和裸坡坡面各场次坡面产流产沙特征值，见表3-3。其中，产流量和产沙量分别为场次试验的产流总量和产沙总量;与裸坡相比,产流量的差值占裸坡产流量的百分数为减水率,产沙量的差值占裸坡产沙量的百分数为减沙率。计算公式如下:

$$减水率(\%) = (W_{草} - W_{裸})/W_{裸} \times 100\% \quad (3-3)$$

$$减沙率(\%) = (G_{草} - G_{裸})/G_{裸} \times 100\% \quad (3-4)$$

式中:$W_{草}$、$W_{裸}$分别指草被坡面(人工草被或自然修复坡面)和裸坡坡面的产流量,mL;$G_{草}$、$G_{裸}$ 分别指草被坡面(人工草被或自然修复坡面)和裸坡坡面的产沙量,g。

自然修复坡面与人工草被坡面的相比,其减水率和减沙率计算方法同式(3-3)、式(3-4)。

表 3-3　不同被覆类型坡面产流产沙比较

冲刷强度(L/min)	被覆类型	覆盖度 C(%)	产沙			产流		
			G(g)	$(G_{草} - G_{裸})/G_{裸} \times 100\%$(%)	$(G_{自然} - G_{人工})/G_{人工} \times 100\%$(%)	W(mL)	$(W_{草} - W_{裸})/W_{裸} \times 100\%$(%)	$(W_{自然} - W_{人工})/W_{人工} \times 100\%$(%)
4	裸坡	0	2 436	—	—	33 419	—	—
	人工草被	87.7	16	-99.3	—	26 418	-20.9	—
	自然修复坡面	76.2	18	-99.3	12.5	25 832	-22.7	-2.2
6	裸坡	0	9 979	—	—	117 857	—	—
	人工草被	71.1	65	-99.3	—	105 768	-10.3	—
	自然修复坡面	71.2	11	-99.9	-83.1	35 265	-70.1	-66.7
9	裸坡	0	13 312	—	—	239 692	—	—
	人工草被	83.6	578	-95.7	—	207 530	-13.4	—
	自然修复坡面	91.0	224	-98.3	-61.2	127 111	-47.0	-38.8

注:$G_{草}$、$W_{草}$分别指人工草被或自然修复坡面的产沙量、产流量。

从产沙总量比较,和裸坡相比,4 L/min、6 L/min 和 9 L/min 径流冲刷条件下,人工草被坡面的减沙率分别为99.3%、99.3%和95.7%,自然修复坡面的减沙率分别为99.3%、99.9%和98.3%。数据表明,不同强度的径流冲刷试验下,草被坡面都具有明显的减蚀效益,自然修复坡面的减蚀效益比人工草被坡面的更明显,与人工草被坡面相比,3 种径流冲刷强度下,自然修复坡面的减沙率分别为12.5%、83.1%和61.2%。

从产流总量比较,和裸坡相比,4 L/min、6 L/min 和 9 L/min 径流冲刷条件下,人工草被坡面的减水率分别为20.9%、10.3%和13.4%,自然修复坡面的减水率分别为22.7%、70.1%和47.0%;自然修复坡面的减水作用比人工草被坡面的更明显,3 种径流冲刷条件下,自然修复坡面的减水率分别为2.2%、66.7%和38.8%。

数据表明,自然修复坡面的减水减沙效益比人工草被坡面较明显,尤其是在中小流量级冲刷下,自然修复坡面的减水减沙效益更为突出,说明草被措施在减水和减沙方面发挥了明显作用,与张旭昇等[29]在野外坡面径流小区通过 UGT 水蚀测量系统研究得出的结论一致。

第 4 章　不同被覆坡面水沙耦合关系分析

根据被覆特点将被覆分为不同被覆类型和不同覆盖度，不同被覆类型包括裸坡、人工草被和自然修复坡面；覆盖度大小通过控制紫花苜蓿的播种量和条播行距实现。“坡面水沙耦合关系”是沿用“流域水沙耦合关系”的表达，在具有水沙异源特征的流域中，不同水沙来源区的来水来沙之间的关系称为流域水沙耦合关系[80]。对于流域来说，产沙可分为坡面产沙、坡面汇沙、沟道产沙和沟道汇沙四部分，产流可分为产流、坡面汇流和沟道汇流三部分[81]。本书所指的坡面水沙关系，指坡面产汇流和坡面产沙的关系，两者中坡面来沙依赖于坡面来水，是来沙依赖（耦合）于来水的关系。

4.1　模拟降雨条件下坡面产流产沙过程

绘制在不同降雨强度、不同下垫面条件下的产流产沙量与试验产流历时关系曲线（见图 4-1 ~ 图 4-6），对比裸地、草地和灌木地的产流产沙过程变化。

根据试验数据，对降雨后实测得到的径流、产沙数据与试验时间进行了分析（见表 4-1），发现裸地累积产流量、累积产沙量与降雨时间呈极显著的幂函数关系，累积产流量和产沙量过程线的一般表达形式为 $y = ax^b$（a、b 为系数，x 为产流后至试验结束时的时间），并呈现出随降雨强度的增大其增加速率逐渐增大的趋势，即无论是产流过程还是产沙过程，其拟合方程中的系数 a 均随降雨强度的增大而增大，这主要是因为降雨强度越大，其相应产流时间越短，产流系数越大。

表 4-1　不同降雨强度下裸地坡面产流、产沙量与试验时间关系

项目	试验编号	降雨强度(mm/h)	拟合方程	相关系数
产流过程	1	45	$y = 1\ 393.4x^{1.270\ 4}$	$R^2 = 0.993\ 9$
	2	90	$y = 2\ 831.2x^{1.363\ 4}$	$R^2 = 0.982\ 7$
	3	130	$y = 3\ 008.2x^{1.402\ 5}$	$R^2 = 0.975\ 5$
产沙过程	1	45	$y = 747.05x^{1.414\ 9}$	$R^2 = 0.986\ 9$
	2	90	$y = 994.8x^{1.418\ 8}$	$R^2 = 0.979\ 5$
	3	130	$y = 2\ 304.5x^{1.648\ 5}$	$R^2 = 0.923\ 6$

图 4-1 和图 4-2 是裸地在不同降雨强度下的产流量和产沙量随降雨历时的变化过程，裸地产流量和侵蚀产沙量随着降雨强度的增大呈增大的趋势。从能量的观点出发，降雨强度增大意味着水流提供的能量较大，径流能够挟带更多泥沙。裸地的产流产沙过程中产流产沙量有一个高峰期，而且降雨强度越大进入高峰期的时间越快。不同降雨强度

进入高峰期从快到慢的顺序为 130 mm/h > 90 mm/h > 45 mm/h，进入高峰期的时间分别是 20 min、26 min 和 36 min，产流速率为 18 360 mL/min，15 813 mL/min 和 6 543 mL/min。大、中雨强（130 mm/h、90 mm/h）的产沙速率在高峰期分别为 16 132 g/min，14 237 g/min。裸地在高峰期过后，大、中雨强的产流、产沙量虽然有所下降，但并没有进入稳定的低峰期，而是进行剧烈的上下波动，呈现多峰多谷的特点，其波动趋势为“W”字形，产生波动的原因是坡面细沟发育频繁。小雨强（45 mm/h）在 35 min 后进入产流、产沙量的高峰期后，基本上一直保持在高峰期，尽管其间也有起伏，但变化幅度相对较小。

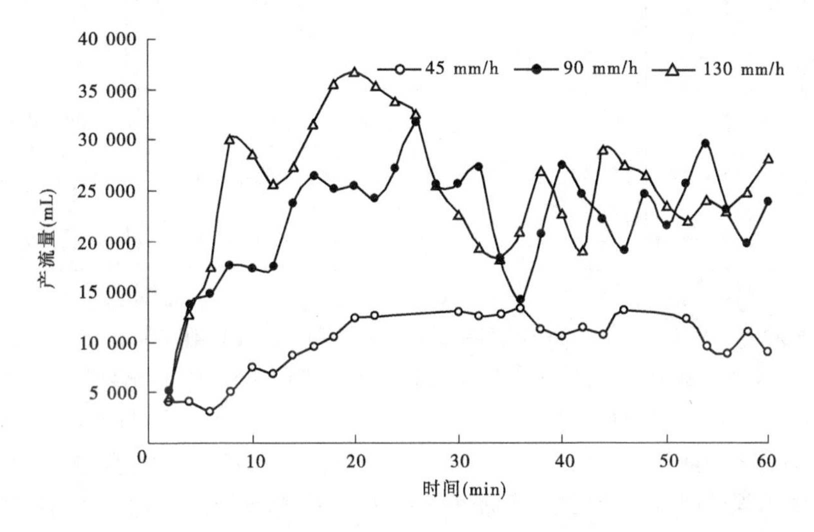

图 4-1　不同降雨强度下裸地产流量变化过程

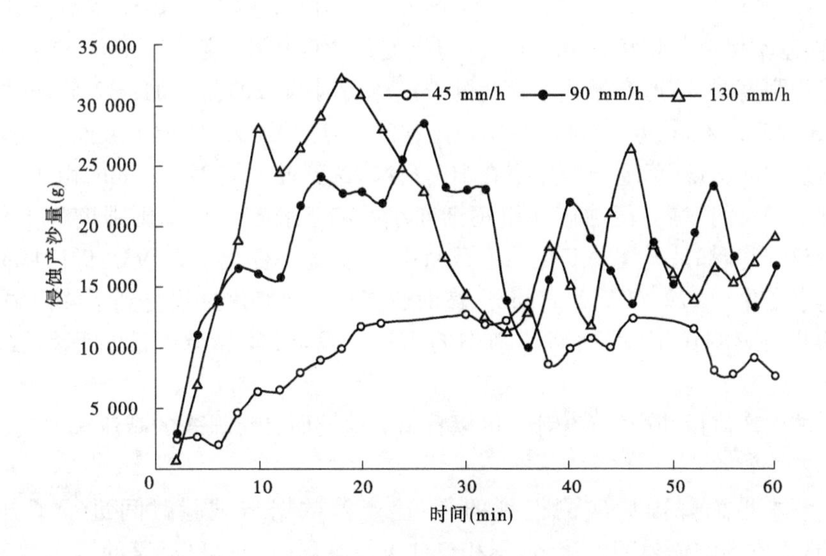

图 4-2　不同降雨强度下裸地侵蚀产沙量变化过程

根据试验数据,对降雨后草地实测得到的产流、产沙数据与试验时间进行了分析(见表 4-2),苜蓿草地累积产流量、累积产沙量与降雨时间呈显著的幂函数关系,呈现出随降雨强度的增大,其增加速率逐渐增大的趋势。

表 4-2　不同降雨强度下草地坡面产流、产沙量与试验时间关系

项目	试验编号	降雨强度(mm/h)	拟合方程	相关系数
产流过程	1	45	$y = 27.641x^{1.0032}$	$R^2 = 0.9954$
	2	87	$y = 47.187x^{1.218}$	$R^2 = 0.9896$
	3	127	$y = 121.44x^{1.3428}$	$R^2 = 0.9994$
产沙过程	1	45	$y = 0.2523x^{1.0781}$	$R^2 = 0.9985$
	2	87	$y = 1.7586x^{1.1405}$	$R^2 = 0.9992$
	3	127	$y = 3.3177x^{1.1666}$	$R^2 = 0.9906$

不同降雨强度下的产流产沙过程表明(见图 4-3 和图 4-4),在 45 mm/h 和 90 mm/h 降雨强度时,草地产流量和侵蚀产沙量呈增加值减小并趋于稳定的变化趋势,在较大降雨强度 130 mm/h 时,草地产流量和侵蚀产沙量呈波动增加的趋势。这是因为在降雨初期,易被搬移的疏松分散的土壤颗粒经坡面径流搬运,从而引起产沙量的增加,在 45 mm/h 和 90 mm/h 降雨强度时,由于草地截留和根系故土作用,草地形态变化很小,因而草地产流量和产沙量波动较小。在 45 mm/h 降雨强度时,草地产流量变化幅度较小,在产流时间为 24 分钟时产流速率最大,为 512 mL/min,44 分钟后基本稳定;由于草地没有细沟产生,草地坡面基本保持平整状态,草地产沙速率变化幅度较小,变化于 19 ~ 52 g/min。在 90 mm/h 降雨强度时,草地产流速率变化随着产流历时的增加而增加, 32 分钟时产流速率最大,为 3 849 mL/min,44 分钟后基本稳定;降雨强度的增大,增加了坡面径流动力,沿程坡面断续跌坎的出现,草地产沙速率在 20 分钟时达到最大值 214 g/min,由于草地的阻滞作用限制了沟头的发展,侵蚀产沙量逐渐变小并趋于稳定。在降雨强度为 130 mm/h 时,坡面产流和产沙都呈现波动变化的上升趋势,产流速率变化于 3 693 ~9 171 mL/min,坡面产沙速率变化于 179 ~1 775 g/min。坡面产流和产沙变化过程受到了降雨强度和下垫面条件的共同影响作用,坡面断续细沟的出现和发展,使径流产沙过程呈波动增加趋势。

与裸土坡面产流量和产沙量相比,可以看出草地坡面具有显著的减流减沙效应,具有较好的水土保持效益。

紫穗槐灌木坡面降雨后实测得到的径流、产沙数据与试验时间进行了分析(见表 4-3),发现灌木地坡面累积产流量、累积产沙量与降雨时间也呈显著的幂函数关系,并呈现出随降雨强度的增大其增加速率逐渐增大的趋势,这与裸地坡面和草地坡面产流产沙规律一致。

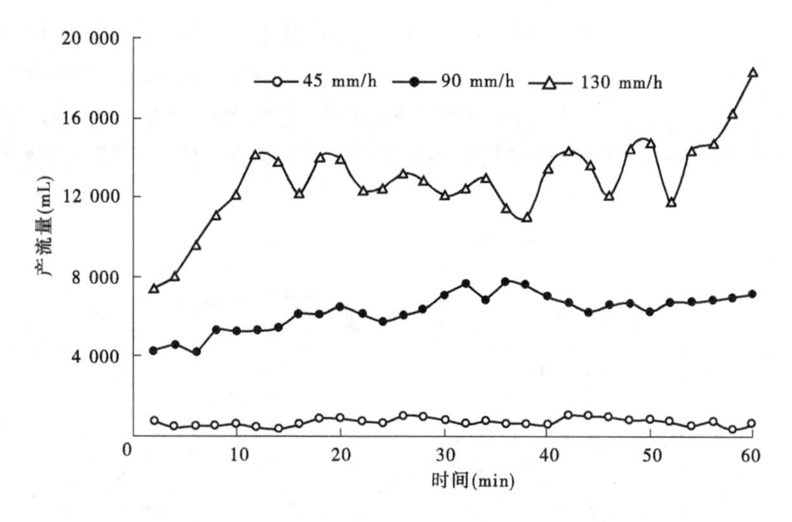

图 4-3　不同降雨强度下草地产流量变化过程

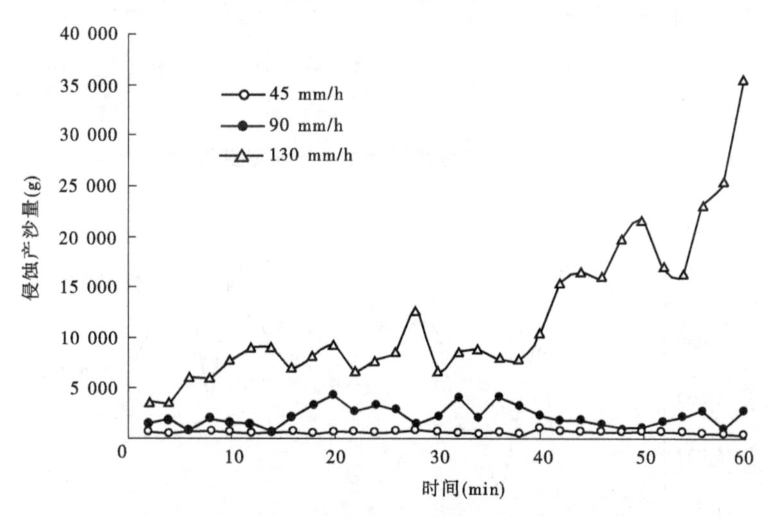

图 4-4　不同降雨强度下草地侵蚀产沙量变化过程

表 4-3　不同降雨强度下灌木地坡面产流、产沙量与试验时间关系

项目	试验编号	降雨强度(mm/h)	拟合方程	相关系数
产流过程	1	45	$y=487.35x^{1.1278}$	$R^2=0.99545$
	2	90	$y=705.37x^{1.2817}$	$R^2=0.9971$
	3	130	$y=2448.4x^{1.679}$	$R^2=0.9999$
产沙过程	1	45	$y=39.75x^{0.9368}$	$R^2=0.9962$
	2	90	$y=89.16x^{0.8942}$	$R^2=0.9967$
	3	130	$y=140.32x^{1.2683}$	$R^2=0.9941$

图 4-5 和图 4-6 是灌木地在不同降雨强度下的产流量和产沙量随降雨历时的变化过程,灌木地产流量和侵蚀产沙量随着降雨强度的增大呈增大的趋势。不同降雨强度下灌木地的产流产沙过程表明,在 45 mm/h 降雨强度时,灌木地产流量和侵蚀产沙量呈稳定的变化趋势;在 90 mm/h 降雨强度时,灌木地产流量呈波动变化的趋势,侵蚀产沙量呈稳

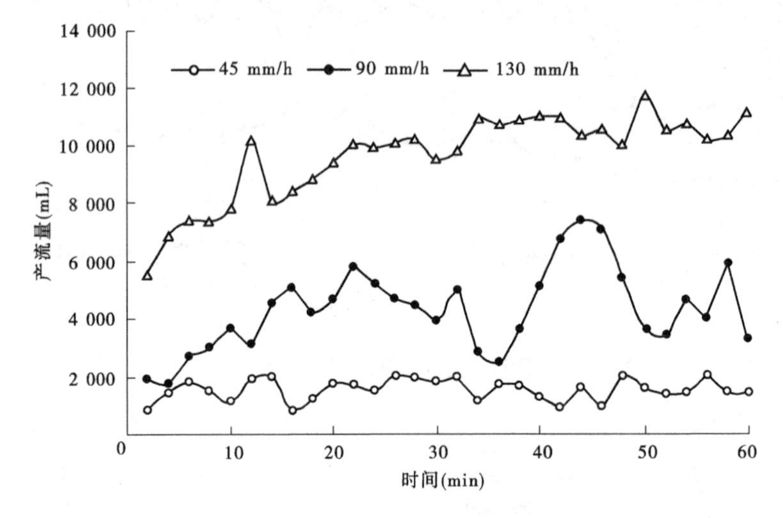

图 4-5　不同降雨强度下灌木地产流量变化过程

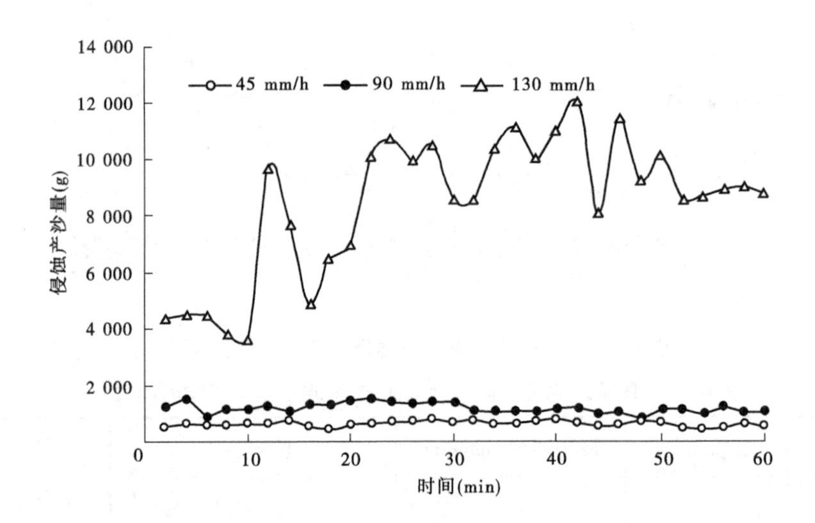

图 4-6　不同降雨强度下灌木地侵蚀产沙量变化过程

定变化的趋势;在较大降雨强度 130 mm/h 时,灌木地产流量呈波动增加的趋势,侵蚀产沙量呈波动增加并趋于稳定的变化趋势。试验时灌木有较强的截留作用和根系故土作用,灌木地形态几乎无明显变化,因而在不同降雨强度下灌木地产流量和产沙量波动较小。在 45 mm/h 降雨强度时,灌木地产流速率变化在 405 ~1 020 mL/min,由于灌木地没有跌坎和细沟产生,灌木地坡面基本保持平整状态,灌木地产沙速率变化幅度较小,变化于 22 ~42 g/min。在 90 mm/h 降雨强度时,灌木地产流速率变化随着产流历时的增加而

增加，在产流时间为 44 分钟时产流速率最大为 3 704 mL/min，灌木地产沙速率变化于 45～77 g/min，侵蚀产沙速率趋于稳定的变化趋势。在降雨强度为 130 mm/h 时，坡面产流速率波动较大，变化于 2 778～5 890 mL/min，坡面产沙速率变化在 220～601 g/min。坡面产流和产沙变化过程受到了降雨强度和下垫面条件的共同影响作用，在 130 mm/h 降雨强度下，坡面断续跌坎的出现和坡面抵抗径流抗蚀性的能力降低，使径流产沙过程呈波动的增加趋势。

与裸土和草地坡面侵蚀过程相比，灌木地坡面具有显著的减沙效应，裸土坡面在降雨过程中有细沟出现，草地坡面有断续的细沟，灌木地形态平整，只有极少的跌坎出现。可见，灌木地坡面具有较好的水土保持效益。

图 4-7 为 45 mm/h 降雨强度下不同下垫面条件下坡面产流量随时间变化过程，可以看出，裸地产流量远远大于草地和灌木地的产流量，且草地和灌木地二者的产流、产沙量相差不是太大，变化规律也比较接近，坡面产流量呈相对稳定的变化趋势，裸地产流量呈明显增加的趋势，产流量在 36 分钟时达到最大值，之后产流速率为波动的变化趋势。同种降雨强度下，裸地平均产流速率 5 102 mL/min，草地平均产流速率 354 mL/min，灌木地平均产流速率 772 mL/min，裸地产流速率约为草地产流速率的 14.4 倍，是灌木地产流速率的 6.6 倍。

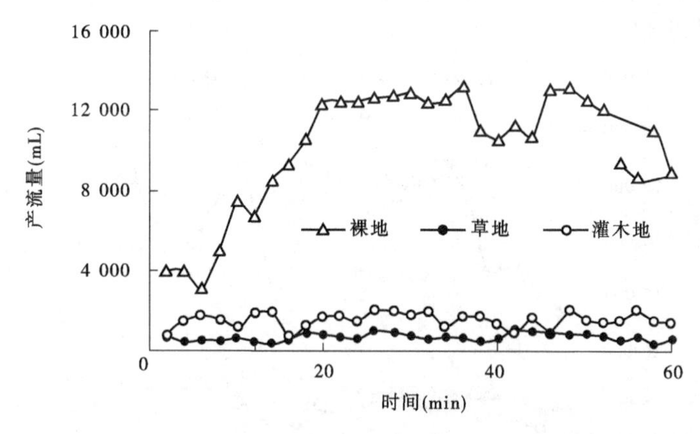

图 4-7　45 mm/h 降雨强度时不同下垫面条件下坡面产流量变化过程

图 4-8 为 45 mm/h 降雨强度时的坡面侵蚀产沙量变化过程，可以看出，不同立地条件坡面的侵蚀产沙量变化与产流量变化基本一致，具有较好的相关性。裸地侵蚀产沙量远远大于草地和灌木地的侵蚀产沙量，裸地的产沙量在 38 分钟时达到了产沙量峰值，比产流时间滞后 2 min，最大产沙速率为 6 500 g/min。裸地的平均产沙速率为 4 935 g/min，草地和灌木地的产沙量相差不大，草地的平均产沙速率为 27 g/min，灌木地的平均产沙速率为 22 g/min。裸地平均产沙速率约为草地产沙速率的 183 倍，约为灌木地的产沙速率的 224 倍。

图 4-9 是降雨强度 90 mm/h 下不同下垫面条件下的坡面产流量随时间变化过程。在降雨强度为 90 mm/h 时，裸地产流量在 26 分钟时就达到了高峰，比降雨强度为 45 mm/h 的裸地坡面产流高峰提前了 10 min，最大产流速率为 15 813 mL/min。从前面分析可以看

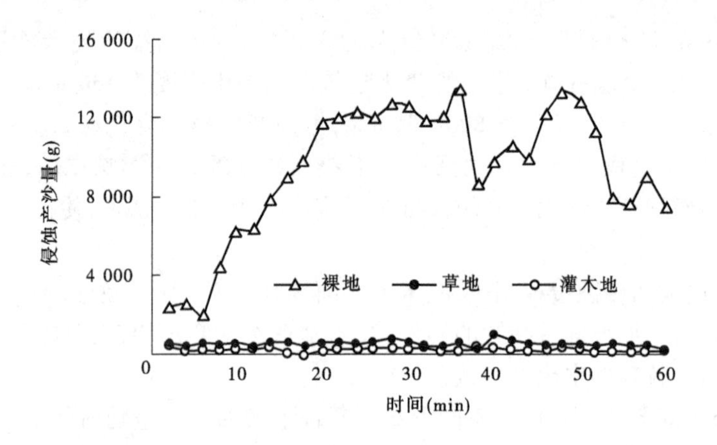

图 4-8　45 mm/h 降雨强度时不同下垫面条件下坡面侵蚀产沙量变化过程

出,在降雨强度为 45 mm/h 时,草地的产流速率小于灌木地的产流速率,而在降雨强度为 90 mm/h 时,裸地的平均产流速率为 11 026 mL/min,草地的平均产流速率为 3 133 mL/min,灌木地的平均产流速率为 2 158 mL/min,可以看出,随着降雨强度的增大,灌木地比草地的减流作用明显。裸地平均产流速率是草地平均产流速率的 3.5 倍,是灌木地平均产流速率的 5.1 倍。

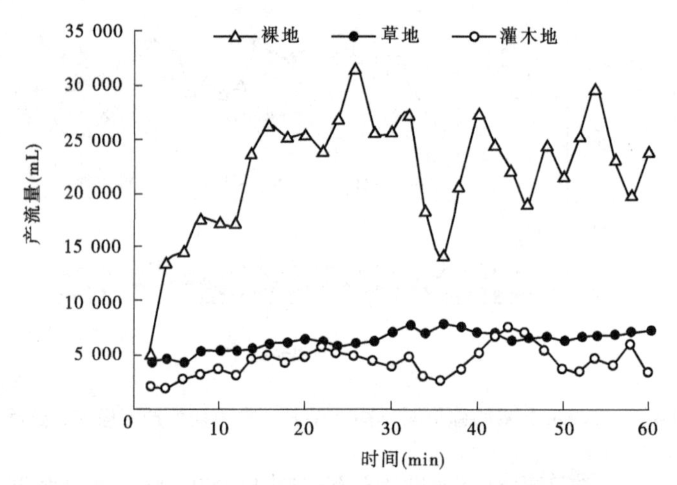

图 4-9　90 mm/h 降雨强度时不同下垫面条件下坡面产流量变化过程

图 4-10 为 90 mm/h 降雨强度时的坡面侵蚀产沙量变化过程,可以看出,裸地的产沙量在 26 分钟时达到了产沙量峰值,比 45 mm/h 降雨强度时的坡面产沙高峰时间提前了 12 min,最大产沙速率为 14 237 g/min。裸地的平均产沙速率为 9 264 g/min,草地的平均产沙速率为 105 g/min,灌木地的平均产沙速率为 60 g/min,裸地平均产沙速率是草地平均产沙速率的 88 倍,是灌木地平均产沙速率的 154 倍。

从图 4-9 和图 4-10 也可以看出,在试验条件下,草地的产流量大于灌木地的产流量,而草地的产沙量小于灌木地的产沙量,这也支持了前面灌木地的减沙作用强于减流作用的结论。

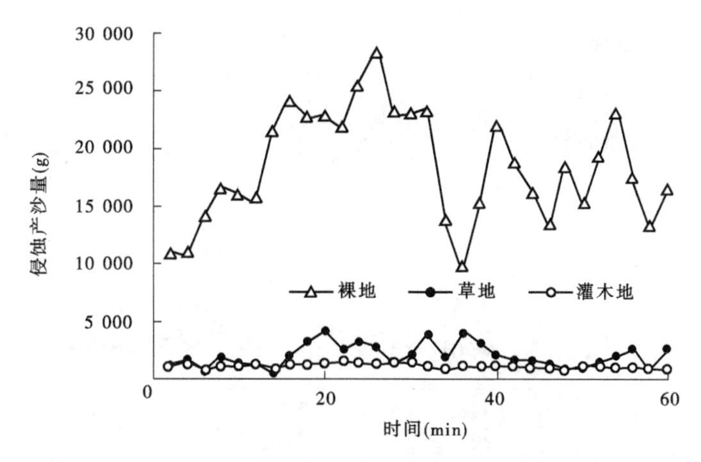

图4-10　90 mm/h 降雨强度时不同下垫面条件下坡面侵蚀产沙量变化过程

图4-11是在降雨强度130 mm/h下不同下垫面条件下的坡面产流量随时间变化过程。在降雨强度为130 mm/h时，裸地产流量在20分钟时就达到了高峰，比降雨强度为45 mm/h的裸地坡面产流高峰提前了16 min，比降雨强度为90 mm/h的裸地坡面产流高峰提前了6 min，最大产流速率为18 361 mL/min。试验过程中坡面沟蚀的发育和发展，使得坡面产流速率呈波动的变化趋势。裸地的平均产流速率为12 602 mL/min，草地的产流速率大于灌木的产流速率，灌木地的平均产流速率为4 833 mL/min，草地的平均产流速率6 434 mL/min。可以看出，在降雨强度为130 mm/h和90 mm/h时，灌木地的减流作用比45 mm/h降雨强度下较明显。裸地的平均产流速率是草地平均产流速率的3.5倍，是灌木地平均产流速率的5.1倍。

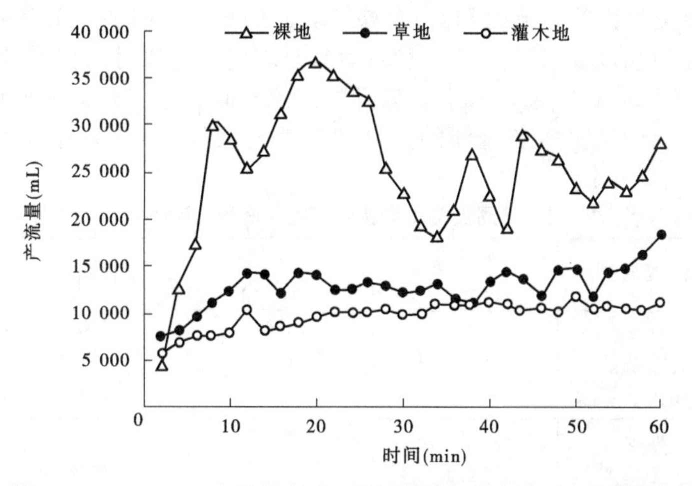

图4-11　130 mm/h 降雨强度时不同下垫面条件下坡面产流量变化过程

图4-12为130 mm/h降雨强度时的不同被覆坡面侵蚀产沙量变化过程，可以看出，裸地的产沙量在18分钟时达到了产沙量峰值，最大产沙速率为16 132 g/min。裸地的平均产沙速率为9 463 g/min，草地的平均产沙速率为580 g/min，灌木地的平均产沙速率为421 g/min，比降雨强度为45 mm/h和90 mm/h的产沙速率明显增大。裸地的平均产沙速率是草地平均产沙速率的16倍，是灌木地平均产沙速率的22倍。

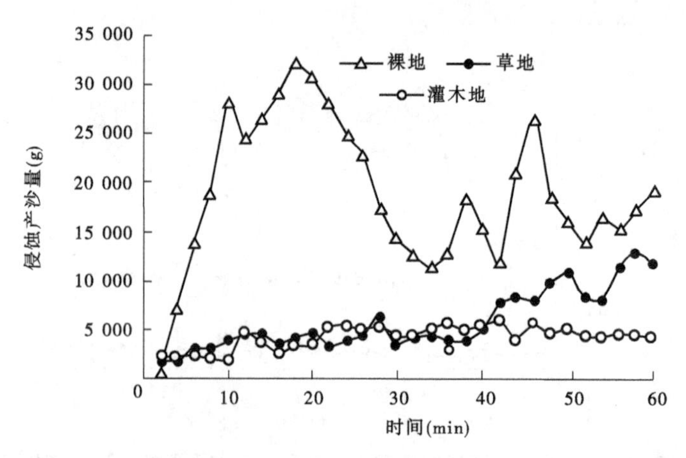

图 4-12　130 mm/h 降雨强度时不同下垫面条件下坡面侵蚀产沙量变化过程

4.2　野外径流冲刷条件下坡面产流产沙过程

表 4-4 为不同被覆类型坡面的产流时间和止流时间，从表 4-4 中数据可以看出，在前期含水量相当的情况下，自然修复坡面的产流时间最长，人工草被坡面的产流时间次之，产流时间最短的是裸坡坡面；在自然修复坡面的含水量低于人工草被坡面和裸坡坡面的情况下，其产流时间更长，即使其含水量稍高于人工草被和裸坡坡面时，其产流时间也比人工草被和裸坡坡面的产流时间长；从止流时间看，4 L/min 冲刷强度冲刷时，自然修复坡面的止流时间最长，其次是人工草被坡面，裸坡坡面的止流时间最短；6 L/min 冲刷强度冲刷时，自然修复坡面的止流时间最长，裸坡坡面的止流时间和人工草被坡面的均较短；9 L/min 冲刷强度冲刷时，人工草被和自然修复坡面的止流时间相当，均比裸坡坡面的止流时间长。不同冲刷强度下，试验观测到的产流时间和止流时间表明人工草被坡面和自然修复坡面具有明显的阻滞径流的作用，其中自然修复坡面阻延径流、增加入渗的作用较人工草被坡面更突出。

表 4-4　不同被覆类型坡面产流时间和止流时间

冲刷强度(L/min)	被覆类型	覆盖度(%)	含水量(g/cm^3)	产流时长	止流时长
4	裸坡	0	13.45	32″84	29″
	人工草被	83.6	13.16	53″	1′03″
	自然修复坡面	91.0	18.8	4′33″72	1′19″
6	裸坡	0	17.44	32″72	1′10″
	人工草被	71.1	8.3	1′5″28	58″
	自然修复坡面	71.2	22.17	2′39″91	2′17″
9	裸坡	0	15.71	1′06″71	42″
	人工草被	87.7	19.04	36″27	1′19″
	自然修复坡面	76.2	6.83	88′50″	1′18″

从坡面小区集水口产流开始每 2 分钟一轮的试验观测，图 4-13 是不同被覆类型坡面

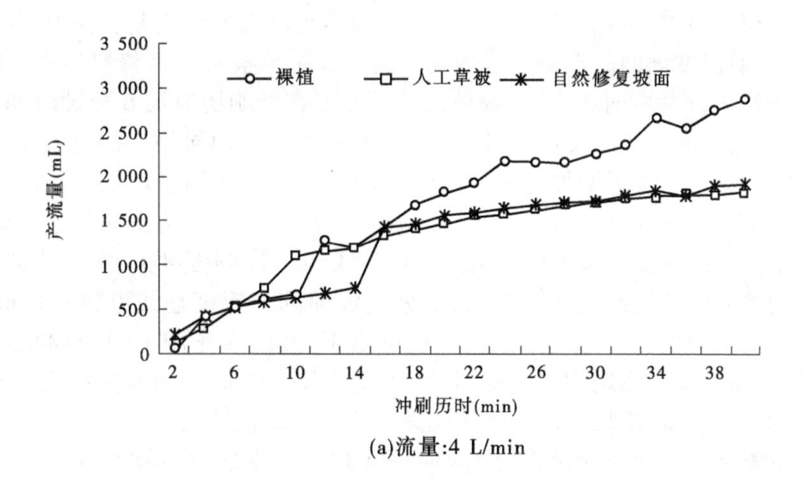

(a)流量:4 L/min

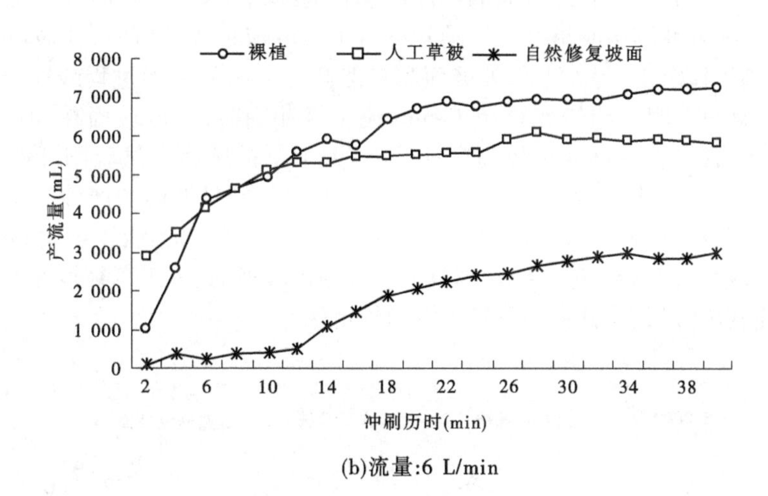

(b)流量:6 L/min

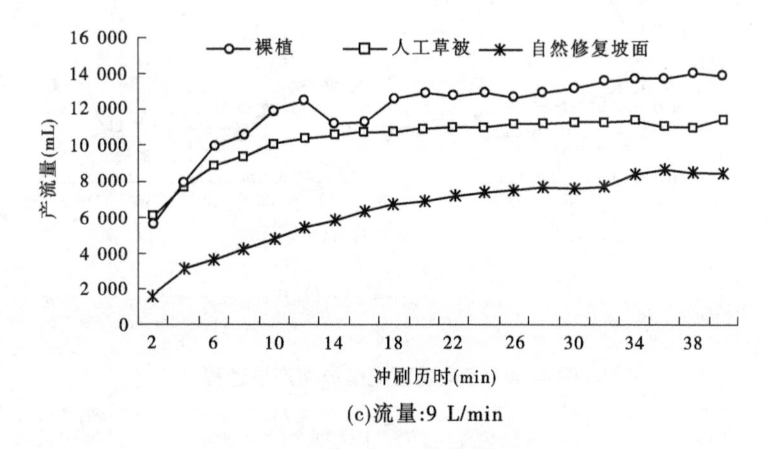

(c)流量:9 L/min

图4-13　不同被覆类型坡面产流过程

的产流过程。不同冲刷强度条件下，裸坡坡面的产流过程线均高于人工草被和自然修复坡面的产流过程线，4 L/min 冲刷强度下，3 种被覆类型坡面的产流曲线在 16 分钟之前并无明显差别，随后裸坡坡面的产流过程线明显高于人工草被和自然修复坡面的产流过程线；6 L/min 冲刷强度冲刷时，人工草被坡面的产流量在冲刷历时第 6 分钟时即赶上裸坡坡面，然后两种坡面的过程线交织上升，在第 12 分钟时人工草被坡面的过程线趋于稳定，而裸坡坡面的产流量则继续增加并在冲刷历时 22 min 以后达到稳定状态，自然修复坡面产流过程线在 12 分钟之前产流量均较低，之后波动上升并于 32 分钟时趋于稳定，但总体远低于人工草被坡面和裸坡坡面的产流过程线；9 L/min 冲刷强度下，人工草被坡面的产流过程线逼近裸坡坡面的产流过程线，自然修复坡面的产流过程线也较 6 L/min时有明显提升。这说明 3 种被覆类型在不同的冲刷强度下，其减水作用不同，当冲刷强度增加时，人工草被坡面的减水作用明显削弱，其次是自然修复坡面，但随着模拟流量的增加，自然修复坡面的拦减径流、增加入渗的作用明显优于人工草被坡面。

不同被覆类型对坡面产沙过程的影响见图 4-14。图中显示，裸坡的产沙过程数据线明显高于人工草被和自然修复坡面的产沙过程数据线，自然修复坡面和人工草被坡面的产沙量过程线随着冲刷历时呈交织波动状态，4 L/min 流量级冲刷时，裸坡坡面的产沙量呈先增高后趋于稳定走势，人工草被坡面和自然修复坡面的产沙过程线在产沙量 1 g 上下交错波动，且没有明显趋势变化；6 L/min 流量级冲刷时，裸坡坡面在冲刷历时的第 6 分钟达到最大值，之后一直处于较高产沙状态，人工草被坡面在试验刚开始时产沙量最大，之后慢慢减小，至冲刷 14 min 后渐趋稳定，并和自然修复坡面的产沙过程线交错在一起；9 L/min 流量级冲刷时，人工草被和自然修复坡面的产沙过程线较 4 L/min 和 6 L/min 流量级时明显抬升，产沙量过程线从高到低依次为裸坡坡面、人工草被坡面和自然修复坡面，且均在冲刷历时第 26 分钟左右趋于波动稳定状态。

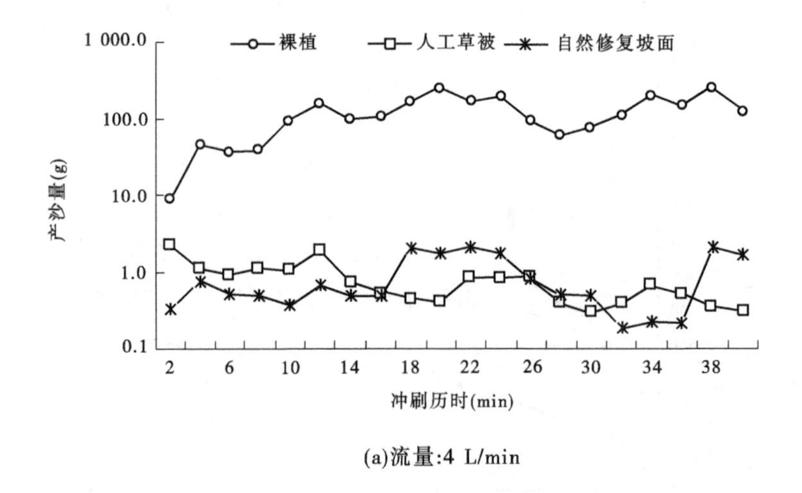

(a)流量:4 L/min

图 4-14　不同被覆类型坡面产沙过程

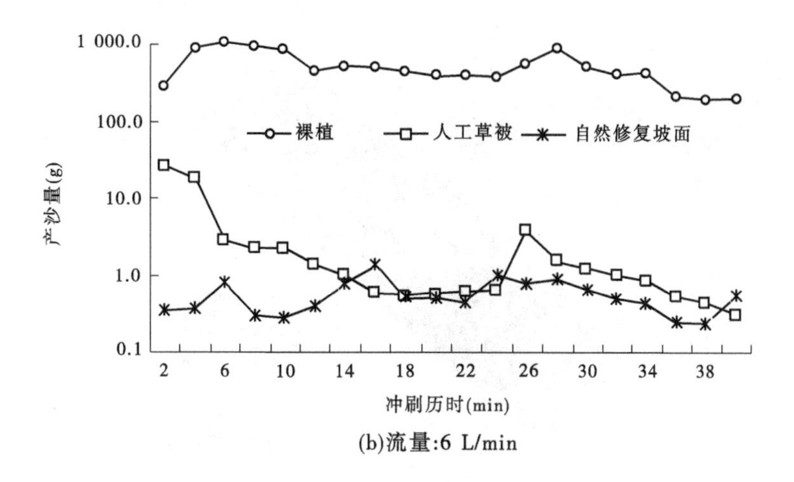

(b)流量:6 L/min

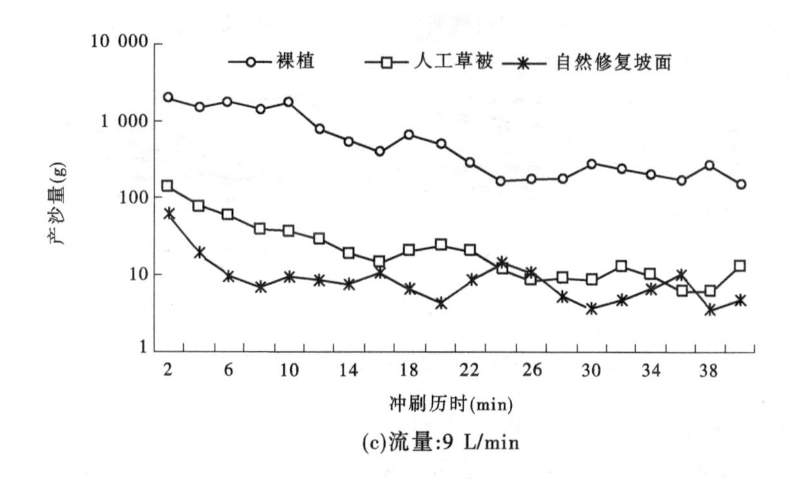

(c)流量:9 L/min

续图 4-14

4.3　不同被覆下坡面侵蚀形态演变过程

选取裸坡(0)和两个不同覆盖度(覆盖度42.5%和75.5%)的人工草被坡面进行侵蚀形态演变和坡面水沙关系研究,为了便于获取地面点云数据,在不扰动地表土壤的前提下将草被贴近地表剪除,试验前先对坡面进行一次三维激光扫描,然后每隔1 d进行一次径流冲刷试验(9 L/min),试验后再及时进行三维激光扫描,每个坡面均进行了5次9 L/min流量级径流冲刷试验。

以扫描得到的激光点为源数据,通过Arcmap软件处理得裸坡(0%)、低覆盖(42.5%)和高覆盖(75.5%)坡面的TIN格式数据(见图4-15、图4-17)。图4-15为裸坡坡面第一场次冲刷后的地表形态,其径流冲刷后侵蚀形态有370 cm长的细沟形成,几乎贯穿全坡面(见图4-16),而覆盖度为42.5%和75.5%(条播行距分别为20 cm和15 cm)的草被坡面均无明显侵蚀沟发生,只是表层微生物活动导致的局部松散土被剥离而形成

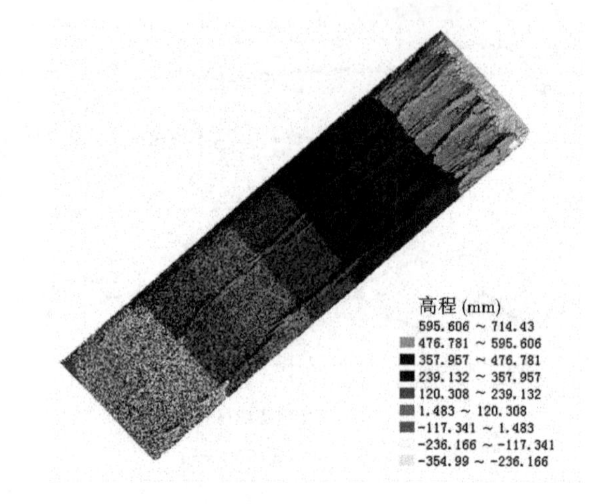

图 4-15　裸坡坡面 9 L/min 冲刷后地表形态

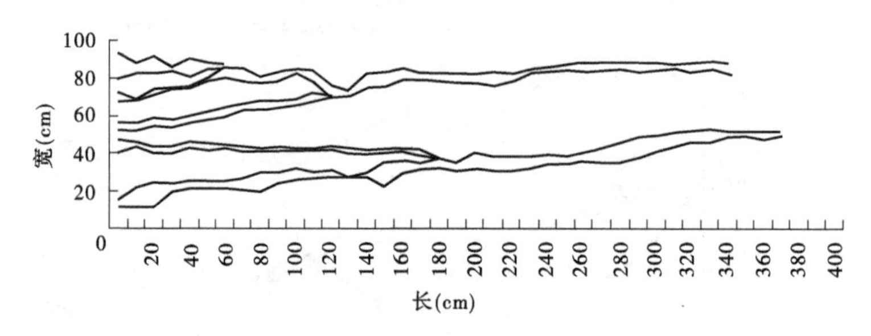

图 4-16　坡面侵蚀沟量测平面形态

的形态变化(见图 4-17)。

结合试验过程侵蚀沟测量记录,裸坡坡面在冲刷试验开始 1 min 内即有跌坎和细沟出现,并在 3 min 内迅速发育贯穿一个断面(1 m),5 min 贯穿 3 个断面,9 min 贯穿 4 个断面,且此过程中一直伴随着其他跌坎的产生和细沟的发育,坡面形态变化非常活跃,试验开始后 15 min 坡面细沟发育慢慢趋于稳定状态,冲刷结束后坡面细沟最长达 370 cm,宽多在 5 ~ 8 cm,最宽达 14 cm,深多在 2 ~ 4 cm,最深达 7.2 cm;而草被坡面在同样大小的径流冲刷下,坡面形态基本无明显变化,能观测到的跌坎产生只有两次,发生在剪草前行距 15 cm 覆盖度为 75.5% 坡面上,分别出现在第 3 断面和第 4 断面,其中第 4 断面的小细沟出现在第 18 分钟,第 3 断面的小细沟出现在冲刷历时第 26 分钟,其长、宽、深的范围分别是 17 ~ 30 cm、2.5 ~ 4 cm 和 1.4 ~ 1.9 cm,坡面细沟的发生可能由蝼蛄的洞穴引发。

在相同的坡度和降雨强度条件下,不同被覆坡面的阻延径流过程有一定差异,其中在很大程度上还取决于水流作用后的侵蚀形态本身的影响。图 4-18 是裸地、草地和灌木地在 130 mm/h 降雨强度条件下的地表侵蚀形态。相同坡度和降雨条件下,裸地侵蚀严重,细沟发育多且发育速率快,达到 100 cm/min,坡面水流速度增大,从而减小了阻力;草被坡面侵蚀比较轻,仅在坡底部和中部有细沟产生,且发育速度缓慢,其中坡底部发育速度为 2.62 cm/min,坡中部细沟试验过程中几乎没有发育;灌木地无明显的细沟发育。因

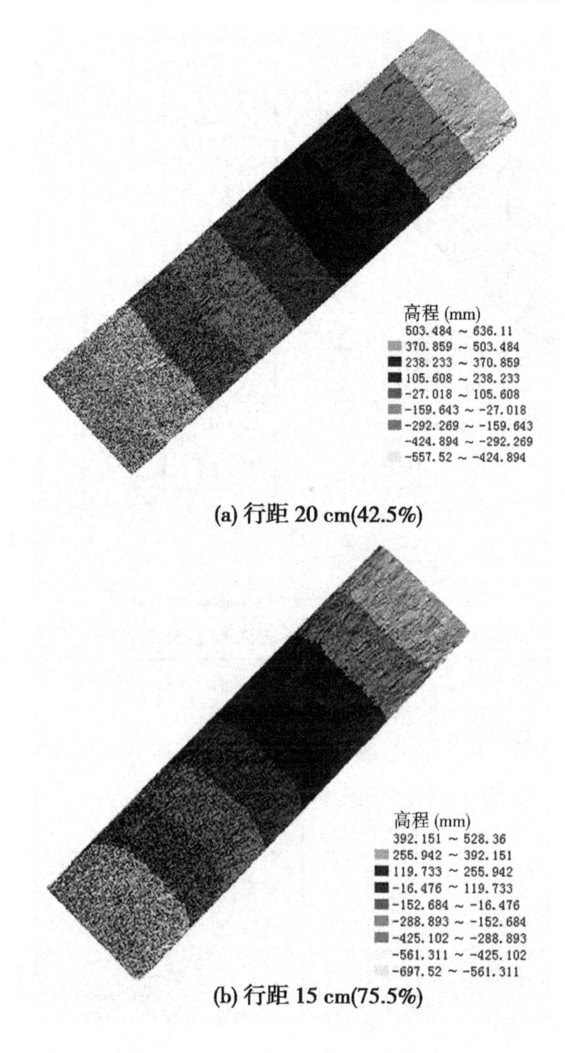

(a) 行距 20 cm(42.5%)

(b) 行距 15 cm(75.5%)

图 4-17　9 L/min 冲刷后地表形态

而,在一定覆盖条件下,植被覆盖地表形态的干扰作用小,被覆对径流过程具有阻延径流和消波调控作用。

表4-5为不同立地条件下坡面侵蚀形态发展的动态监测数据,裸地坡面跌坎和细沟产生或贯通时间达到56分钟时,细沟的发育速度分别为3.33 cm/min、100 cm/min、10 cm/min、12.5 cm/min和2.5 cm/min。草被坡面仅在坡底部和中部形成细沟,坡面出现跌坎和形成细沟的时间不仅远远滞后于裸坡坡面,且其发育速度缓慢,其中坡底部发育速度为2.62 cm/min。由于紫穗槐灌木地上部分的截留作用及坡面表层的生物结皮层作用,灌木坡面在试验过程中没有明显的跌坎或细沟产生。

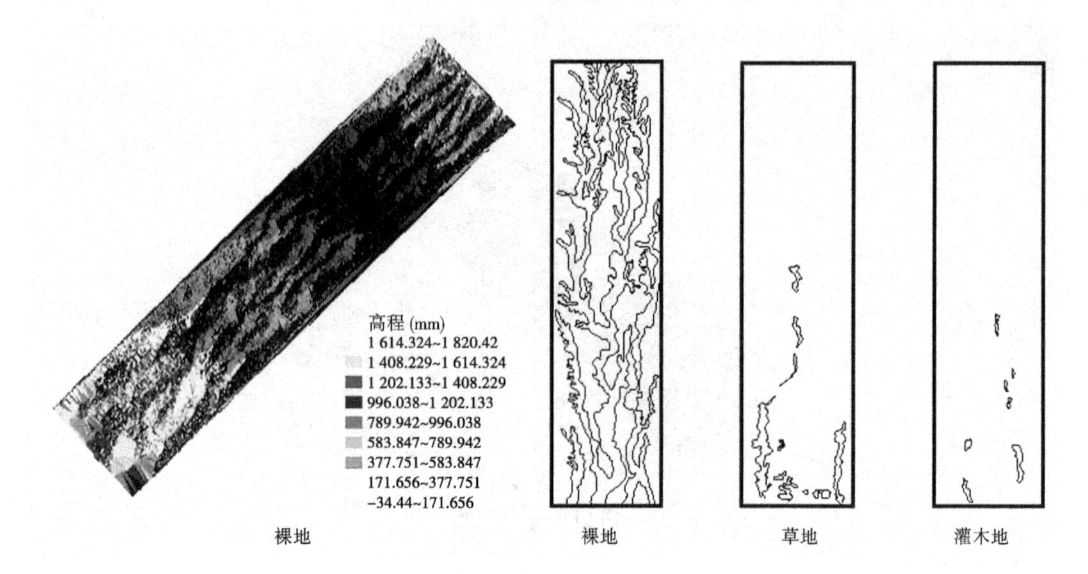

图 4-18　不同被覆坡面地表侵蚀形态

表 4-5　不同立地条件下坡面侵蚀形态发展过程

观测项目	立地条件	断面 1	断面 2	断面 3	断面 4	断面 5
跌坎产生时间(min)	裸坡	2			8	
	草被	2	24	26		
	灌木					
细沟产生时间(min)	裸坡	3	6	6	10	16
	草被	29		29		
	灌木					
贯通时间(min)	裸坡	5	7	16	18	56
	草被					
	灌木					
发育速度(cm/min)	裸坡	33.33	100	10	12.5	2.5
	草被	2.62				
	灌木					
细沟均宽(cm)	裸坡	47	36	48	45	37
	草被					
	灌木					
细沟均深(cm)	裸坡	10	9	8	9	8
	草被					
	灌木					

试验结束后,通过对雨后坡面侵蚀沟的测量统计(见表 4-6),裸坡和草被坡面的细沟总长分别 2 787.13 cm 和 16.00 cm,细沟密度分别为 5.57 m/m^2 和 0.03 m/m^2,细沟面积分别为 11 254.61 cm^2 和 584.26 cm^2,灌木坡面没有细沟发育。试验结果表明,一年生生长良好的草被和灌木具有良好的水土保持作用,其中灌木坡面由于存在地上枝干和地表生物层,其水土保持作用优于草被坡面。

表 4-6　不同立地条件下雨后坡面侵蚀形态特征

立地条件	沟长(cm)	细沟密度(m/m^2)	细沟面积(cm^2)
裸坡	2 787.13	5.57	11 254.61
草被	16.00	0.03	584.26
灌木	0	0	0

第 5 章　不同覆盖度坡面水沙过程

5.1　不同覆盖度坡面产流产沙过程

通过坡面整地和条播方式，按行距 20 cm、行距 15 cm 和行距 10 cm 及不同播种量综合模拟不同的覆盖度，试验前用样方法多点量测各坡面的覆盖度并求取平均值。不同覆盖度坡面的产流产沙总量见表 5-1。

表 5-1　不同覆盖度坡面的产流产沙总量

冲刷强度(L/min)	覆盖度 C (%)	产沙			产流		
		产沙量 G (g)	$(G_C-G_0)/G_0\times100\%$ (%)	G/C (g)	产流量 W (mL)	$(W_C-W_0)/W_0\times100\%$ (%)	W/C (mL)
4	0	2 436	—	—	66 837	—	—
	39.5	158	-93.5	4.01	67 997	1.7	1 721.4
	53.4	57	-97.7	1.07	67 150	0.5	1 257.5
	59.7	41	-98.3	0.68	41 469	-38.0	694.6
	87.7	20	-99.2	0.23	59 977	-10.3	683.9
6	0	9 979	—	—	117 857	—	—
	33.6	657	-93.4	19.54	101 437	-13.9	3 018.9
	48.2	150	-98.5	3.11	111 707	-5.2	2 317.6
	56.4	124	-98.8	2.19	111 970	-5.0	1 985.3
	71.1	65	-99.4	0.91	105 768	-10.3	1 487.6
9	0	13 312	—	—	239 692	—	—
	33.8	695	-94.8	20.55	205 432	-14.3	6 077.9
	47	435	-96.7	9.25	221 618	-7.5	4 715.3
	58.7	578*	-95.7	9.85	207 530	-13.4	3 535.4
	83.6	353	-97.3	4.22	194 880	-18.7	2 331.1

注：(1) G_C、W_C 分别代表除覆盖度为 0 外的其他覆盖度坡面的产沙量和产流量；

(2) G_0、W_0 分别代表覆盖度为 0 的坡面产沙量和产流量；

(3) 标 * 处表示该场次可能受人为活动影响。

与裸坡坡面相比，不同覆盖度人工草被坡面的减沙率均在90%以上，其中覆盖度高于40%的坡面减沙率超过95%，产沙量和单位覆盖度的产沙量均随覆盖度的增加而减小，图5-1为覆盖度与产沙量的相关关系。

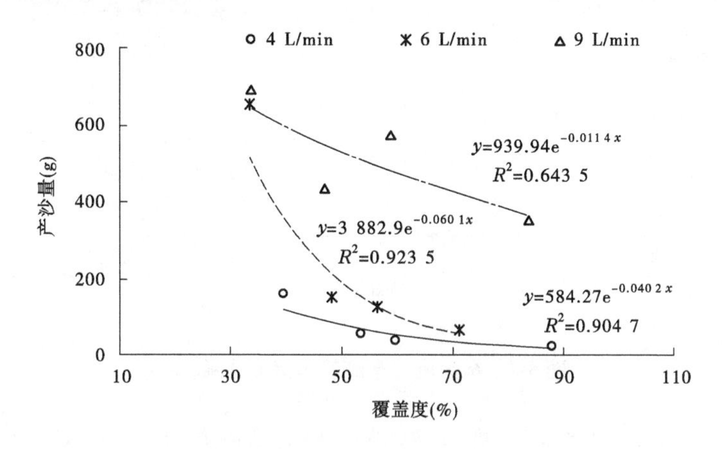

图5-1　覆盖度与产沙量的相关关系

图5-1显示，产沙量与覆盖度满足 $y=ae^{bx}$（a、b 为系数，y 为产沙量，x 为覆盖度，下同）指数关系，4 L/min、6 L/min 和 9 L/min 冲刷强度下，产沙量与覆盖度的拟合关系如下：

4 L/min 径流冲刷强度下：$y=584.27e^{-0.040\,2x}$（$R^2=0.904\,7$）

6 L/min 径流冲刷强度下：$y=3\,882.9e^{-0.060\,1x}$（$R^2=0.923\,5$）

9 L/min 径流冲刷强度下：$y=939.94e^{-0.011\,4x}$（$R^2=0.643\,5$）

以上3种流量级对应的产沙量和覆盖度关系中，底数e大于1，系数 b 均小于0，函数 y 值随 x 值的增大而呈单调递减趋势，说明在同等径流冲刷条件下，产沙量随覆盖度的增加而减小；在 4 L/min、6 L/min 和 9 L/min 径流冲刷强度下，系数 a 分别为584.27、3 882.9和939.94，说明随覆盖度的增加，产沙量的减小趋势不同；在小流量级下，不同覆盖度坡面的减沙作用尚未能显现出来，至中等流量冲刷时，随覆盖度的增加，其坡面产沙量明显减小，说明覆盖度大小对坡面产沙有明显影响，但在大流量冲刷时，系数 a 值又明显减小，说明覆盖度对坡面产沙的影响作用已被削弱。

覆盖度对产流的影响不及对产沙的作用明显。与裸坡相比，4 L/min 冲刷强度下，不同覆盖度坡面对产流的影响不明显，6 L/min 和 9 L/min 冲刷强度下，不同覆盖度坡面的减水率为5%～20%，单位覆盖度的产流量随覆盖度的增加而减小；覆盖度与产流量的相关关系见图5-2。同一冲刷强度下，不同覆盖度的产流量数据点在同一数值水平，数值相差较小；这种现象说明，当年模拟的不同覆盖度草被因其近地表无枯枝叶和结皮覆盖，坡面阻滞径流增加入渗的差别并不明显。

图5-3是不同覆盖度人工草被坡面的产沙过程。在 4 L/min 和 6 L/min 流量级的冲刷模拟试验中，裸坡坡面的产沙过程线最高，其次为覆盖度低于40%（分别为覆盖度为39.5%和33.6%）的坡面，其余覆盖度的坡面产沙没有明显差异，其产沙过程线均交织波

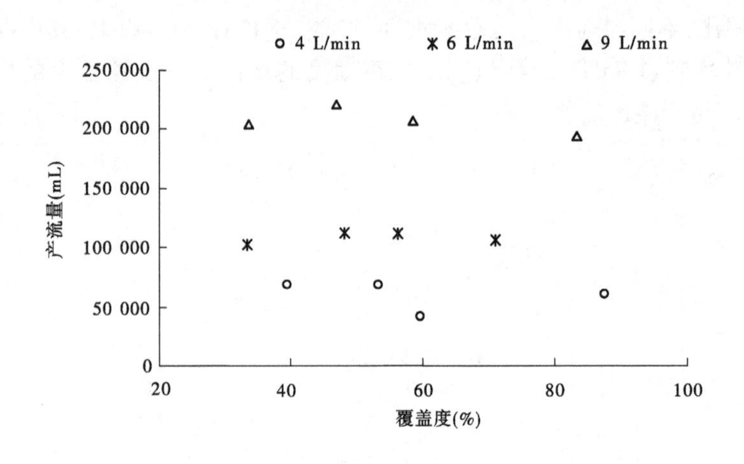

图 5-2　覆盖度与产流量的相关关系

动在一起；在 9 L/min 冲刷强度下，裸坡坡面的产沙过程线最高，各种覆盖度草被坡面的产沙过程线均交织在一起，说明在较大流量级的径流冲刷下，覆盖度大小对产沙的影响已不明显。由此可见，临界覆盖度是和特定的植被类型和外力条件等分不开的。

和产沙过程相比，覆盖度大小对径流过程的影响很小，图 5-4 是 3 种流量级不同覆盖度人工草被坡面的产流过程。由图 5-4 可见，不同覆盖度坡面的径流过程线均相互交错在一起，这跟人工草被坡面地表差异小有一定的关系，可见纯粹的地上部分覆盖度差别对径流过程没有明显影响，而影响坡面产流的主要为坡面近地表覆盖层和浅层表土的物理性质。

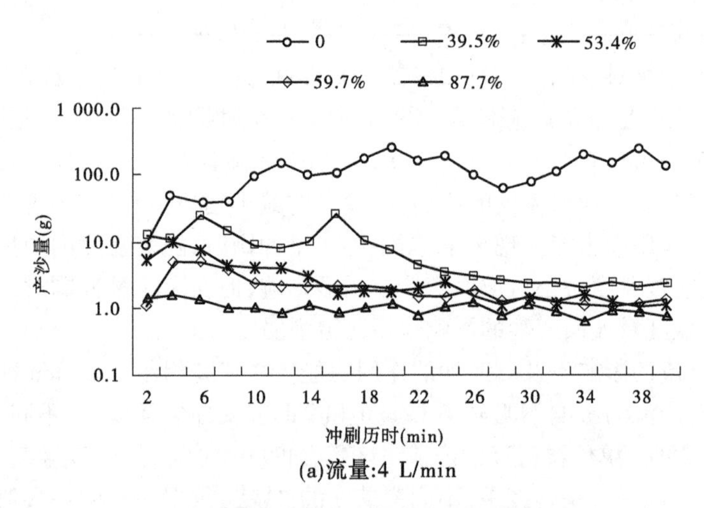

(a)流量:4 L/min

图 5-3　不同覆盖度人工草被坡面的产沙过程

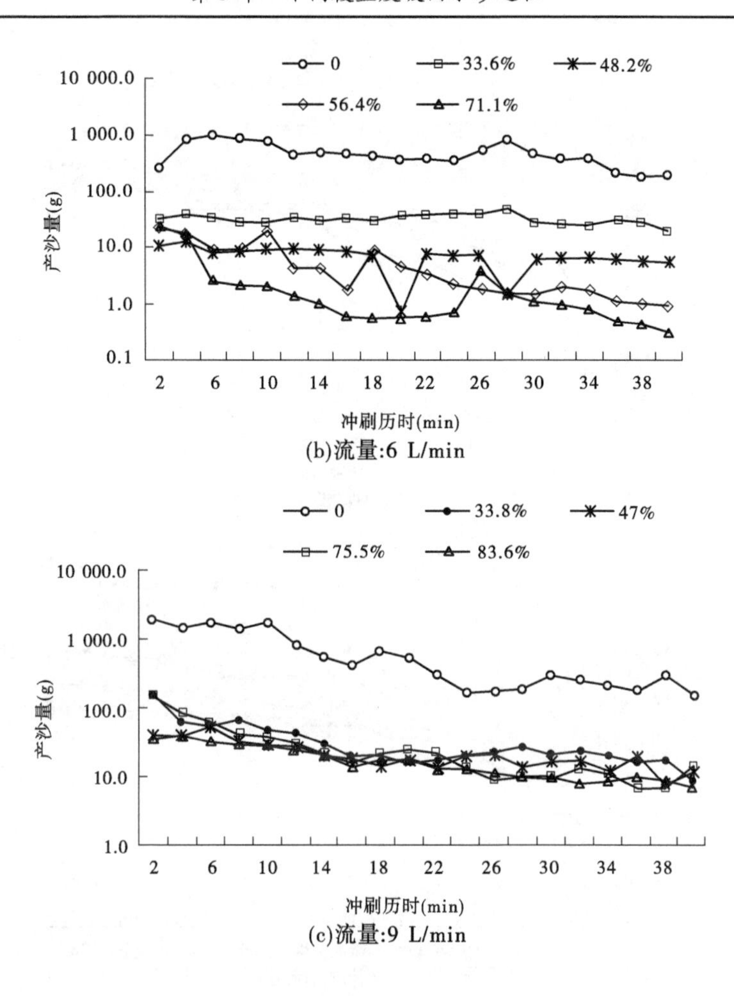

(b)流量:6 L/min

(c)流量:9 L/min

续图 5-3

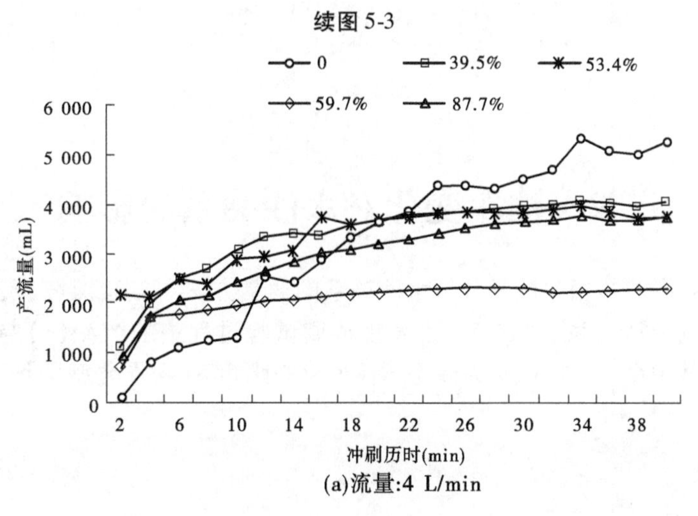

(a)流量:4 L/min

图 5-4　不同覆盖度人工草被坡面的产流过程

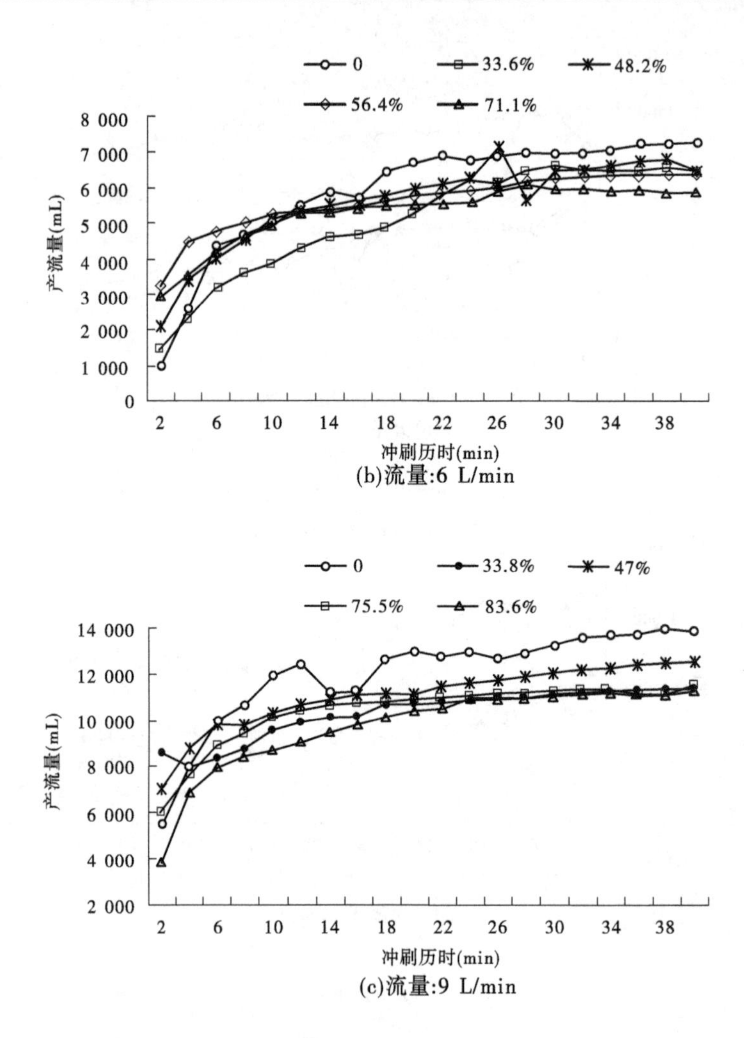

(b)流量:6 L/min

(c)流量:9 L/min

续图 5-4

5.2　被覆变化对水沙关系的影响

分析产流和产沙的相关性是分析水沙关系的通常方法。点绘裸坡、人工草被和自然修复坡面的产流产沙关系(见图 5-5),发现冲刷试验过程中的产沙(y)与产流(x)均呈 $y=ae^{bx}$ 指数函数关系,其中 a、b 为系数,不同冲刷强度和被覆类型的坡面水沙关系见表 5-2。

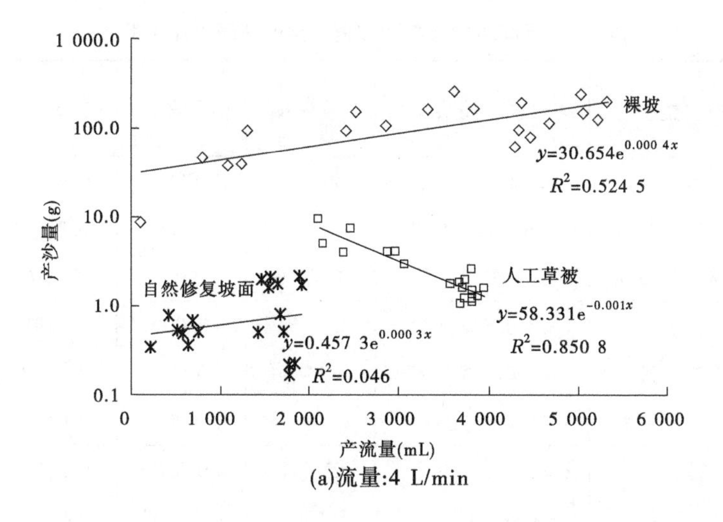

(a)流量:4 L/min

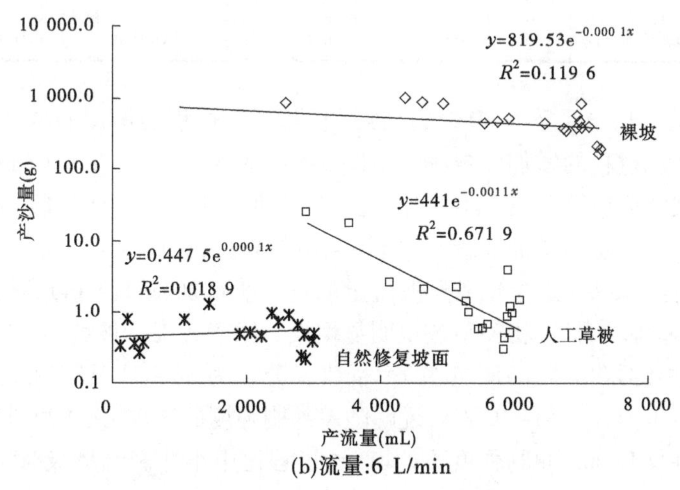

(b)流量:6 L/min

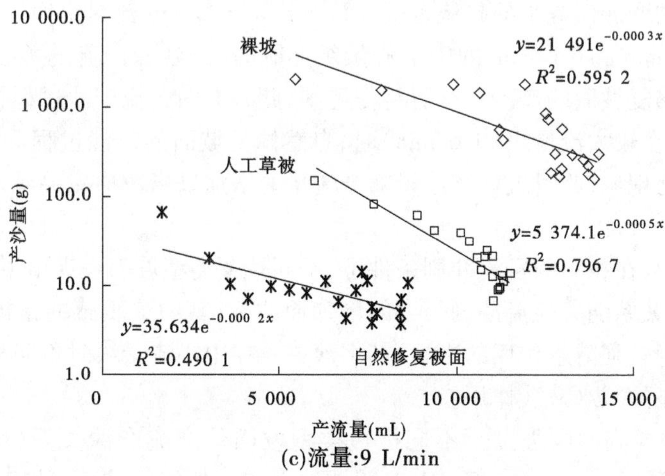

(c)流量:9 L/min

图 5-5　不同被覆类型坡面产流产沙相关关系

表 5-2　不同冲刷强度和被覆类型的坡面水沙关系

冲刷强度(L/min)	被覆类型	水沙关系	系数 a	系数 b	R^2	样本数
4	裸坡	$y = 30.654e^{0.0004x}$	30. 654	0. 000 4	0. 524 5	20
	人工草被	$y = 58.331e^{-0.001x}$	58. 331	-0. 001	0. 850 8	20
	自然修复坡面	$y = 0.4573e^{0.0003x}$	0. 457 3	0. 000 3	0. 046	20
6	裸坡	$y = 819.53e^{-0.0001x}$	819. 53	-0. 000 1	0. 119 6	20
	人工草被	$y = 441e^{-0.0011x}$	441	-0. 001 1	0. 671 9	20
	自然修复坡面	$y = 0.4475e^{0.0001x}$	0. 447 5	0. 000 1	0. 018 9	20
9	裸坡	$y = 21491e^{-0.0003x}$	21 491	-0. 000 3	0. 595 2	20
	人工草被	$y = 5374.1e^{-0.0005x}$	5 374. 1	-0. 005	0. 796 7	20
	自然修复坡面	$y = 35.634e^{-0.0002x}$	35. 634	-0. 000 2	0. 490 1	20

指数函数中 $e > 1$，当系数 $b > 0$ 时，产沙过程随产流过程的增加而增加；当系数 $b < 0$ 时，产沙过程随产流过程的增加而减小。由图 5-5 和表 5-2 可见，在 4 L/min 流量级冲刷模拟过程中，裸坡坡面的产沙过程随产流过程的增加而增加；当流量级增加到 6 L/min 时，产沙过程随产流过程的增加而减小，但相关系数较低，说明裸坡坡面的水沙关系在 6 L/min 流量级附近有转变；随着冲刷模拟流量的进一步增加(9 L/min)，随产流过程的增加产沙过程减小趋势较明显，相关系数也明显增大。对于人工草被坡面，产沙过程随产流过程的增加而减小，但在不同的流量级下，系数 a 分别为 58. 331、441 和 5 374. 1，系数 b 分别为 -0. 001、-0. 001 1 和 -0. 005，说明随着冲刷强度的增加，人工草被坡面的产沙量明显增加，尤其在 9 L/min 冲刷强度下，其产沙过程比中小冲刷流量级时增加明显，产沙过程随产流过程的增加而减小的趋势也较 4 L/min 和 6 L/min 流量级时明显。对于自然修复坡面，在 4 L/min 和 6 L/min 的中小流量级冲刷时，产沙和产流的关系不明显，结合该流量级下自然修复坡面的产沙和产流特征可知，此时坡面产流产沙过程较平稳，没有明显的涨落过程，而在较大流量级(9 L/min)时，自然修复坡面的产沙过程和产流过程都比中小流量时有突增现象，此时坡面产沙量随产流量的增加呈指数递减关系，且相关性明显增强。

这种现象说明，在相同的径流冲刷条件下，不同被覆类型坡面表现出了不同的水沙关系，同时坡面水沙关系随着径流冲刷强度的增加而改变，其中最敏感的是裸坡坡面，自然修复坡面受其自身较强减水作用的影响，其水沙关系在中小流量级时不明显，也说明自然修复坡面有较明显的减水减沙作用。

图 5-6 为 3 种径流冲刷强度下不同被覆类型坡面的产流产沙关系(图例中“裸坡”“人工”和“自然”分别代表裸坡坡面、人工草被坡面和自然修复坡面，数字 4、6 和 9 分别表示径流冲刷强度为 4 L/min、6 L/min 和 9 L/min)。图 5-6 中数据点的分布说明，裸坡坡面的数据点位于图表中虚线的上部，而人工草被坡面和自然修复坡面的数据点位于虚线

的下部(个别点除外),这种现象也说明,同样的产流条件下,两种草被坡面的产沙量明显低于裸坡坡面,而两种草被坡面相比,同样的径流冲刷强度下,自然修复坡面的产流量和产沙量均低于人工草被坡面,这种现象也说明自然草被坡面的减水减沙作用优于人工草被坡面。

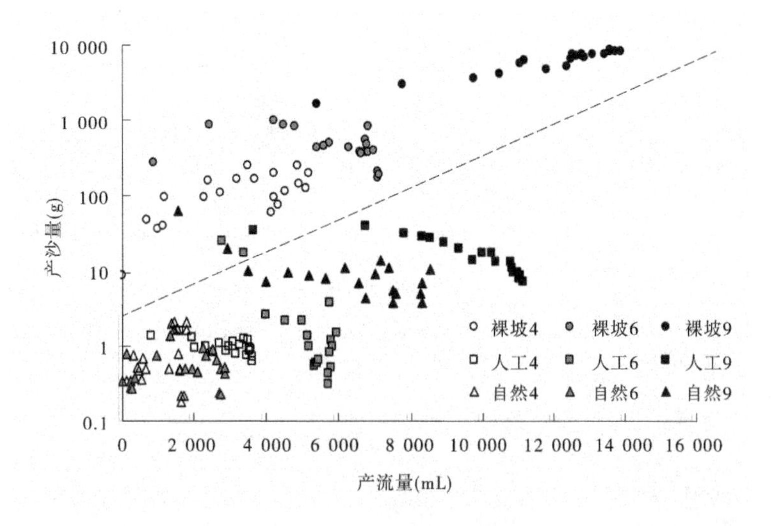

图5-6 3种径流冲刷强度下不同被覆类型坡面的产流产沙相关关系

同一被覆类型不同冲刷强度下,覆盖度对产流产沙关系的影响也不一致,不同覆盖度坡面的产流产沙相关关系见图5-7和表5-3。

产沙量(y)和产流量(x)总体呈 $y = ae^{bx}$ 指数相关,在4 L/min和9 L/min径流冲刷强度下,5种覆盖度坡面的产沙和产流关系较明显,而6 L/min流量级冲刷时,产流和产沙的相关关系均不明显(覆盖度为56.4%的坡面产流和产沙呈负指数相关,这是个例),这种现象可能与被覆抵抗冲刷的强度有关,需进一步研究探讨。在4 L/min和9 L/min径流冲刷强度下,坡面产沙产流关系中系数 a 随覆盖度的增加基本呈减小趋势(4 L/min中覆盖度为59.7%的坡面和9 L/min中覆盖度为58.7%的坡面除外),系数 b 均小于0,说明在相同径流冲刷强度下,产沙量随产流量的增加而减小,随覆盖度的增加其减小趋势减弱;随冲刷流量的增加,覆盖度对水沙关系的作用程度存在差异。

图5-8为3种径流冲刷强度下低、中、高3种覆盖度坡面的产流产沙关系(图中数字4、6和9分别表示径流冲刷强度为4 L/min、6 L/min和9 L/min)。图5-8中数据点的分布说明,低覆盖度坡面的数据点高于中、高覆盖度坡面的数据点,但在9 L/min流量级冲刷时,低、中、高3种覆盖度坡面的产沙量数据点集中在图中虚线框范围内;这种现象也说明在较中小流量级时,覆盖度对坡面水沙关系有影响,但当冲刷流量增加到一定量级(9 L/min)后,覆盖度对坡面水沙关系的影响已经没有明显差别。

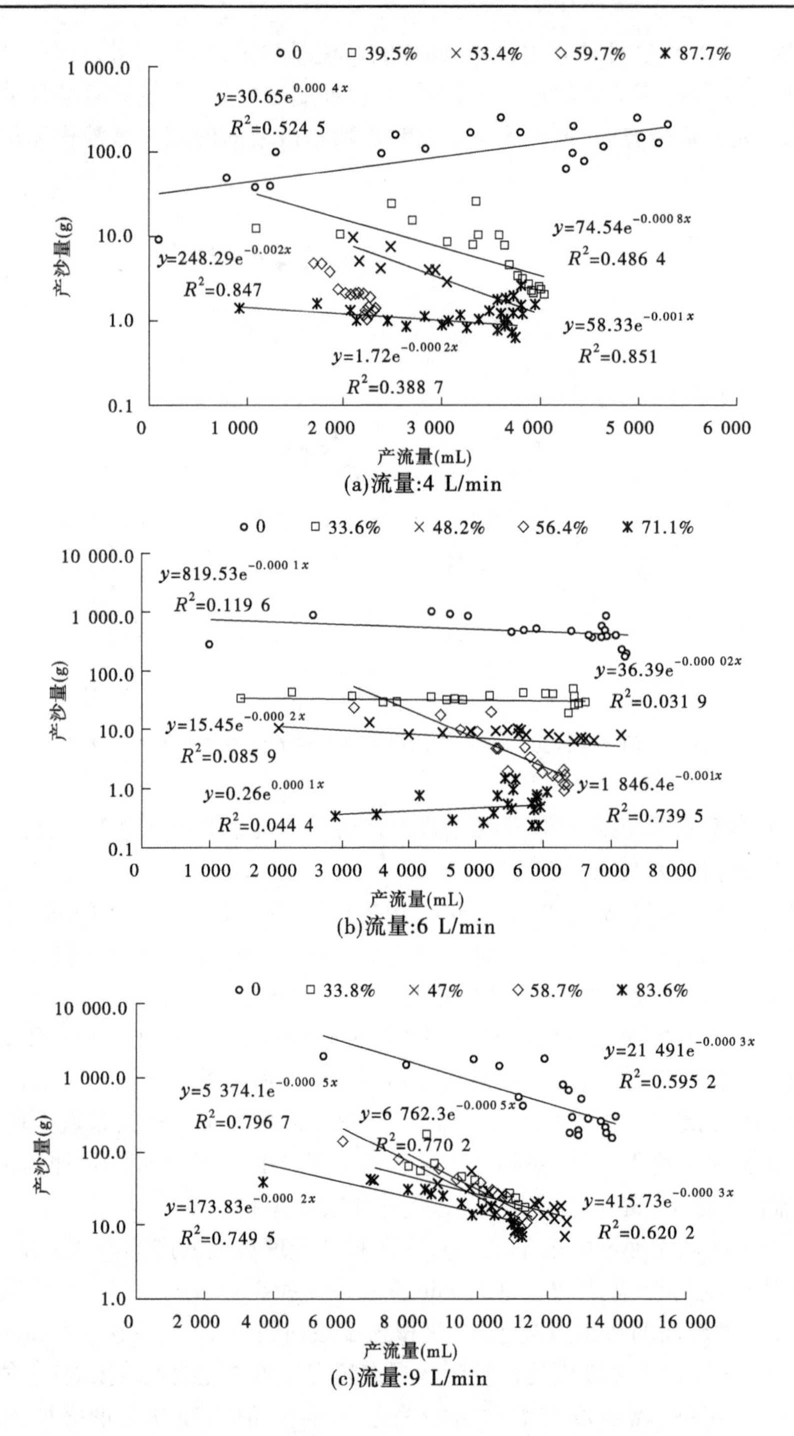

(a)流量:4 L/min

(b)流量:6 L/min

(c)流量:9 L/min

图 5-7　不同覆盖度坡面的产流产沙相关关系

表5-3 不同被覆类型坡面水沙关系

冲刷强度(L/min)	覆盖度(%)	水沙关系	系数 a	系数 b	R^2	样本数
4	0	$y=30.65e^{0.0004x}$	30.65	0.000 4	0.524 5	20
	39.5	$y=74.54e^{-0.0008x}$	74.54	-0.000 8	0.486 4	20
	53.4	$y=58.33e^{-0.001x}$	58.33	-0.001	0.851	20
	59.7	$y=248.29e^{-0.002x}$	248.29	-0.002	0.847	20
	87.7	$y=1.72e^{-0.0002x}$	1.72	-0.000 2	0.388 7	20
6	0	$y=819.53e^{-0.0001x}$	819.53	-0.000 1	0.119 6	20
	33.6	$y=36.39e^{-0.00002x}$	36.39	-0.000 02	0.031 9	20
	48.2	$y=15.45e^{-0.0002x}$	15.45	-0.000 2	0.085 9	20
	56.4	$y=1\ 846.4e^{-0.001x}$	1 846.4	-0.001	0.739 5	20
	71.1	$y=0.26e^{0.0001x}$	0.26	0.000 1	0.044 4	20
9	0	$y=21\ 491e^{-0.0003x}$	21 491	-0.000 3	0.595 2	20
	33.8	$y=6\ 762.3e^{-0.0005x}$	6 762.3	-0.000 5	0.770 2	20
	47	$y=415.73e^{-0.0003x}$	415.73	-0.000 3	0.620 2	20
	58.7	$y=5\ 374.1e^{-0.0005x}$	5 374.1	-0.000 5	0.796 7	20
	83.6	$y=173.83e^{-0.0002x}$	173.83	-0.000 2	0.749 5	20

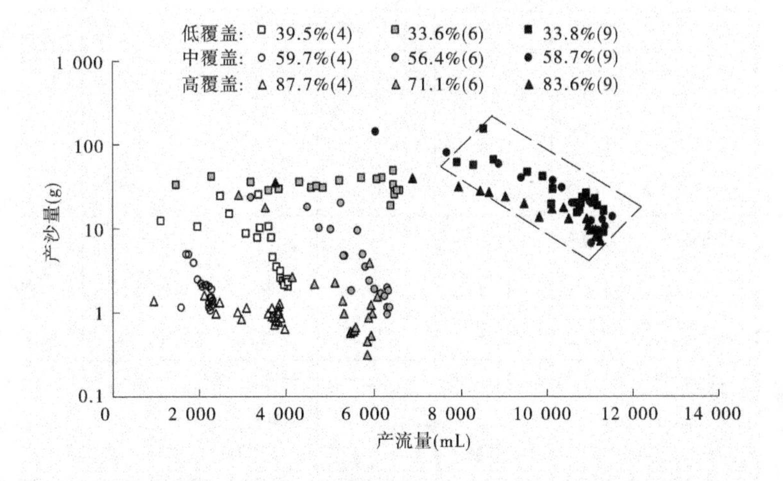

图5-8 3种径流冲刷强度下不同覆盖度坡面的产流产沙关系

5.3　被覆类型对水沙参数的影响分析

表征水沙关系的参数一般有含沙量和输沙率,含沙量用单位体积径流量所含的干泥沙质量表示,单位为 kg/m³;输沙率用单位时间的产沙量表示,单位为 g/min。

表 5-4 是不同被覆类型坡面的水沙参数统计表,从径流含沙量比较,相同的径流冲刷条件下,裸坡坡面的径流含沙量最大,人工草被坡面的次之,径流含沙量最低的是自然修复坡面。4 L/min、6 L/min 和 9 L/min 冲刷强度下,裸坡的径流含沙量分别为 72.9 kg/m³、84.7 kg/m³ 和 55.5 kg/m³,人工草被坡面的径流含沙量分别为 0.6 kg/m³、0.6 kg/m³ 和 2.8 kg/m³,自然修复坡面的径流含沙量分别为 0.7 kg/m³、0.3 kg/m³ 和 1.8 kg/m³。和裸坡相比,3 种径流冲刷强度下,人工草被坡面和自然修复坡面的含沙量均比裸坡低 95% 以上;和人工草被坡面相比,4 L/min 冲刷时,自然修复坡面的含沙量略高于人工草被坡面 12.4%,6 L/min 和 9 L/min 径流冲刷时,自然修复坡面的含沙量比人工草被坡面分别低 47.9% 和 36.8%。随着模拟冲刷流量的增加,不同被覆类型坡面的径流含沙量变化趋势不同。

表 5-4　不同被覆类型坡面的水沙参数统计

冲刷强度 (L/min)	被覆类型	覆盖度 C (%)	含沙			输沙		
			含沙量 S (kg/m³)	$(S_{草}-S_{裸})/S_{裸}\times100\%$ (%)	$(S_{自然}-S_{人工})/S_{人工}\times100\%$ (%)	输沙率 Q_s (g/min)	$(Q_{s草}-Q_{s裸})/Q_{s裸}\times100\%$ (%)	$(Q_{s自然}-Q_{s人工})/Q_{s人工}\times100\%$ (%)
4	裸坡	0	72.9	—	—	60.90	—	—
	人工草被	87.7	0.6	-99.2	—	0.41	-98.7	—
	自然修复坡面	76.2	0.7	-99.1	12.4	0.45	-99.2	9.9
6	裸坡	0	84.7	—	—	249.48	—	—
	人工草被	71.1	0.6	-99.3	—	1.61	-99.2	—
	自然修复坡面	71.2	0.3	-99.6	-47.9	0.28	-98.7	-82.6
9	裸坡	0	55.5	—	—	332.79	—	—
	人工草被	83.6	2.8	-95.0	—	14.46	-96.0	—
	自然修复坡面	91.0	1.8	-96.8	-36.8	5.59	-94.0	-61.3

注:S、Q_s 分别指人工草被或自然修复坡面的含沙量和输沙率。

结合不同被覆类型坡面径流含沙量过程(见图 5-9)可见,裸坡的含沙量过程线明显高于人工草被和自然修复坡面的含沙量过程线,自然修复坡面和人工草被坡面的含沙量过程线随着冲刷历时呈交错波动状态。

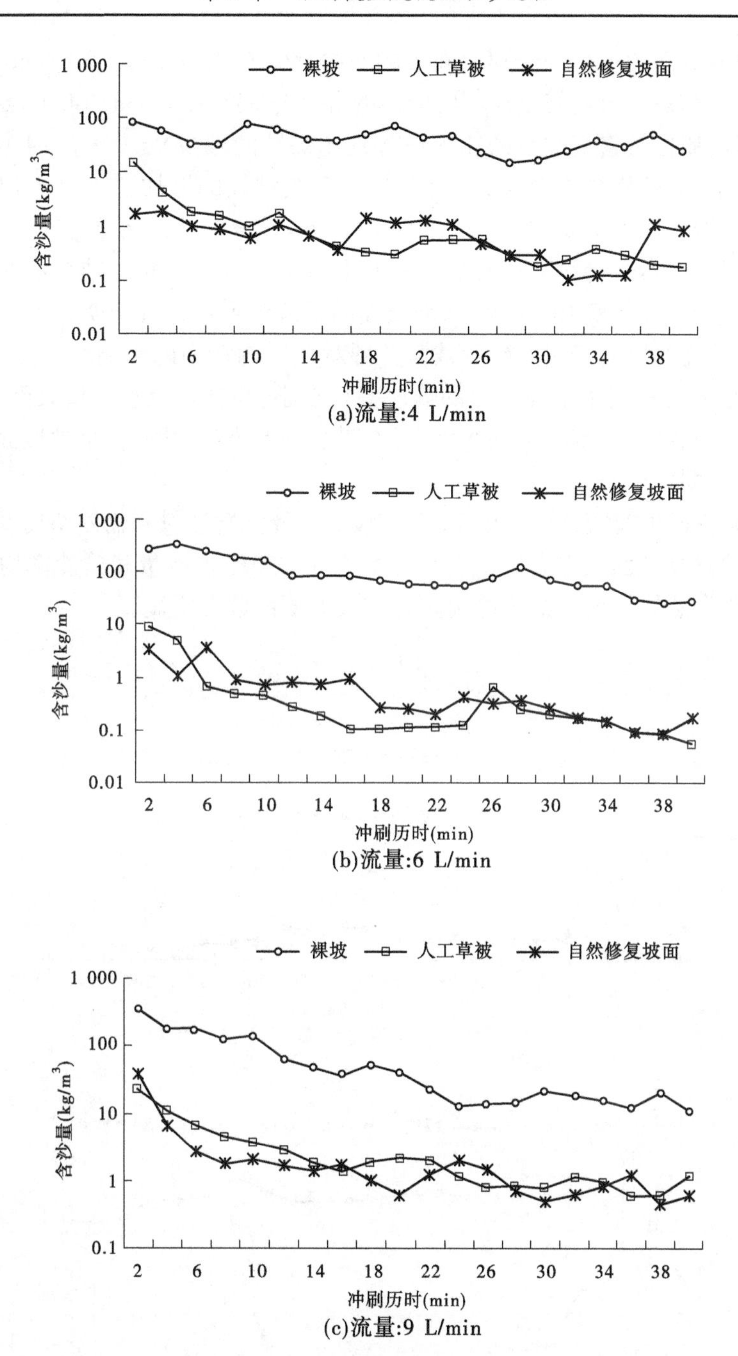

(a)流量:4 L/min

(b)流量:6 L/min

(c)流量:9 L/min

图5-9　不同被覆类型坡面径流含沙量过程

从径流平均输沙率(见表5-4)来看,同一冲刷量级条件下,裸坡坡面的输沙率明显高于人工草被和自然修复坡面的输沙率,如4 L/min径流冲刷条件下,裸坡、人工草被和自然修复坡面的输沙率分别为60.90 g/min、0.41 g/min和0.45 g/min,人工草被和自然修复坡面的输沙率分别比裸坡的减少98.7%和99.2%;6 L/min流量级冲刷条件下,裸坡、人工草被和自然修复坡面的输沙率分别为249.48 g/min、1.61 g/min和0.28 g/min,人工草被和自然修复坡面的输沙率分别比裸坡的减少99.2%和98.7%;9 L/min径流冲刷条件下,裸坡、人工草被和自然修复坡面的输沙率分别为332.79 g/min、14.46 g/min和5.59 g/min,人工草被和自然修复坡面的输沙率分别比裸坡的减少96.0%和94.0%。在小流量级冲刷条件下,自然修复坡面的输沙率比人工草被坡面的增加了9.9%,但到中等流量级时,其径流输沙率比人工草被坡面的减少了82.6%,随着冲刷流量的进一步增大,与人工草被坡面相比,自然修复坡面的输沙率减少比例降低到61.3%。结合不同被覆类型坡面径流输沙率过程(见图5-10)可见,裸坡坡面的径流输沙率过程线明显高于人工草被坡面和自然修复坡面的,同一流量级下,被覆类型对径流输沙率的影响较明显,在中小流量级时,自然修复坡面和人工草被坡面的输沙率均较小,当冲刷流量级增大到9 L/min时,两种草被坡面的输沙率过程线增幅均较大,说明在较大流量冲刷时,草被坡面抑制径流输沙率的作用在减弱。

数据表明,不同的径流冲刷强度下,草被坡面的径流含沙量和输沙率均低于裸坡坡面的。其中,自然修复坡面在中大流量级冲刷条件下的径流含沙量和输沙率均低于人工草被坡面的,说明自然修复坡面的抗冲刷能力较人工草被坡面明显。

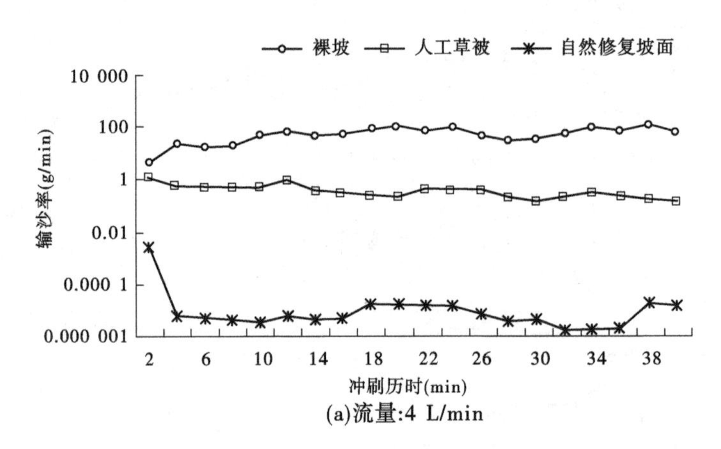

(a)流量:4 L/min

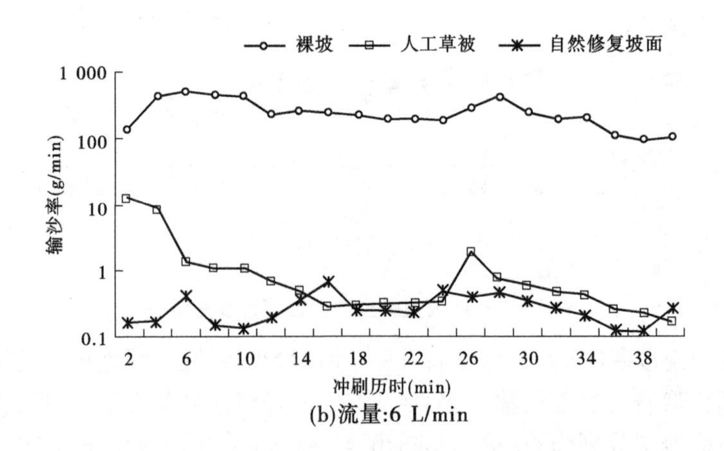

(b)流量:6 L/min

图5-10　不同被覆类型坡面径流输沙率过程

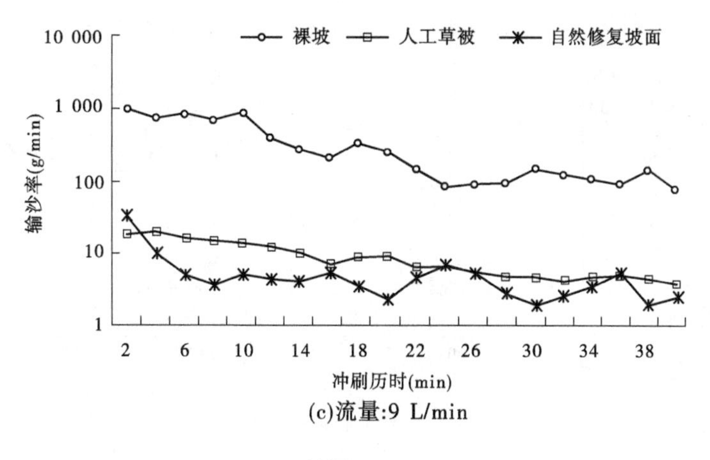

(c)流量:9 L/min

续图 5-10

点绘含沙量和流量散点图(见图 5-11),发现含沙量与流量满足指数关系,即 $S = a\ln(Q)+b$(a、b为系数),3 种流量级下不同被覆类型坡面含沙量与流量相关关系见表 5-5。

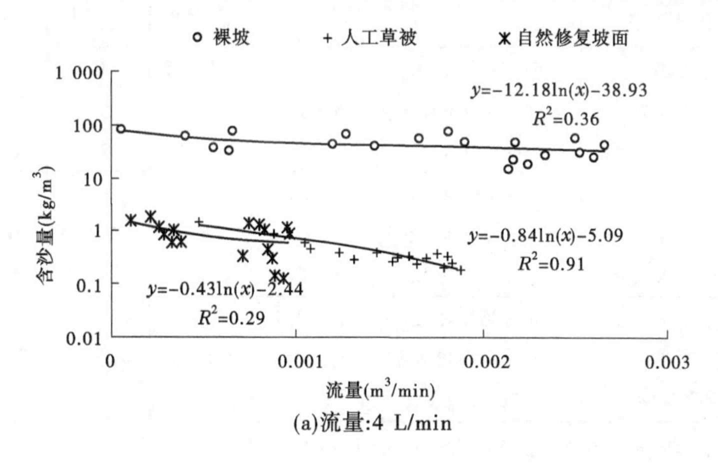

(a)流量:4 L/min

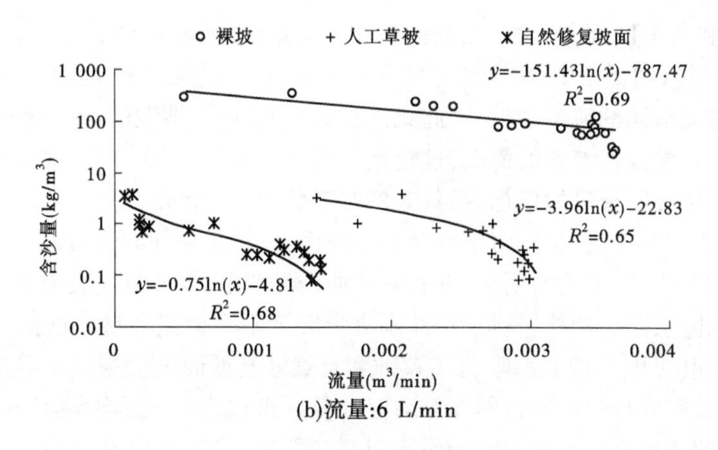

(b)流量:6 L/min

图 5-11　含沙量与流量相关关系

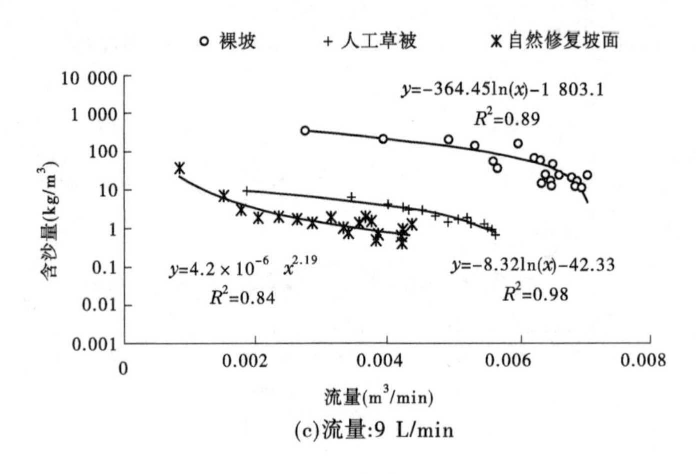

(c)流量:9 L/min

续图 5-11

表 5-5　含沙量与流量相关关系

流量级(L/min)	被覆类型	关系式	系数 a	系数 b	R^2	样本数
4	裸坡	$S=-12.18\ln(Q)-38.93$	-12.18	-38.93	0.36	20
	人工草被	$S=-0.84\ln(Q)-5.09$	-0.84	-5.09	0.91	20
	自然修复坡面	$S=-0.43\ln(Q)-2.44$	-0.43	-2.44	0.29	20
6	裸坡	$S=-151.43\ln(Q)-787.47$	-151.43	-787.47	0.69	20
	人工草被	$S=-3.96\ln(Q)-22.83$	-3.96	-22.83	0.65	20
	自然修复坡面	$S=-0.75\ln(Q)-4.81$	-0.75	-4.81	0.68	20
9	裸坡	$S=-364.45\ln(Q)-1\ 803.1$	-364.45	-1 803.1	0.89	20
	人工草被	$S=-8.32\ln(Q)-42.33$	-8.32	-42.33	0.98	20
	自然修复坡面*	$S=4.2\times10^{-6}Q^{-2.19}$			0.84	20

注:*9 L/min 冲刷强度下,自然修复坡面的含沙量与流量关系属于个例。

由表 5-5 和图 5-11 可知,含沙量与流量相关关系中,系数 $a<0$,说明含沙量随流量的增加而减小,3 种被覆类型中,由产流量的分析可知,裸坡的流量最大,人工草被坡面的流量次之,自然修复坡面的流量最低,因此相同流量级冲刷下,裸坡的含沙量最高,其次为人工草被坡面的,自然修复坡面的最低,这也是系数 a 和流量共同作用的结果;对于裸坡和人工草被坡面,随冲刷流量的增加,系数 a 的绝对值增大,说明随着冲刷流量级的增加其坡面含沙量减小的趋势更明显;对于自然修复坡面,含沙量随冲刷流量级的增加而变化的趋势不及裸坡和人工草被坡面明显, 9 L/min 冲刷强度下,自然修复坡面的含沙量与流量关系呈幂函数相关,是个例外。将 3 种冲刷流量级下不同被覆类型坡面的含沙量与流量关系点绘在一起(见图 5-12)发现,人工草被和自然修复坡面的数据点明显位于裸坡坡面数据点的下面,同一流量级下,自然修复坡面的数据点位于人工草被坡面数据点的左侧,这种现象也说明两种草被坡面的减沙作用明显,同时自然修复坡面增加入渗拦减径流的作用优于人工草被坡面。

点绘输沙率与流量的关系(见图 5-13)发现,在不同冲刷流量级下,输沙率与流量的相

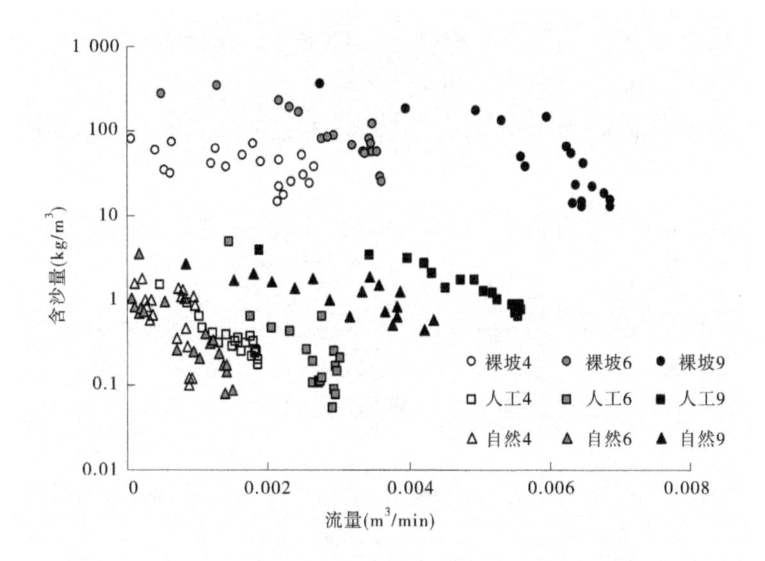

图5-12　3种冲刷流量级下不同被覆坡面含沙量与流量相关关系

关关系不一致，在较小流量级（4 L/min）下，输沙率与流量满足幂函数关系，与冉大川[75]研究得出的马莲河支流输沙率与流量关系呈 $Q_s = KQ^m$ 的幂函数关系一致；但随着流量的进一步增加，输沙率和流量的关系不再是单一的幂函数关系，6 L/min 和 9 L/min 流量级冲刷条件下，输沙率和流量的相关关系先后出现了指数函数和对数函数关系，这种现象有待进一步研究。由图5-13可知，除4 L/min冲刷流量级下裸坡坡面的含沙量随流量的增加而增加外，输沙率均随流量的增加而减小，随冲刷流量级的增加而增大。

将3种冲刷流量级的输沙率与流量关系点绘在一起（见图5-14，图例的意义同前）可见，相同冲刷流量级下，自然修复坡面的数据点最低，其次是人工草被坡面的，裸坡坡面的数据点最高，说明不同流量级下，自然修复坡面的输沙率最低，人工草被坡面的次之，裸坡坡面的输沙率最高。

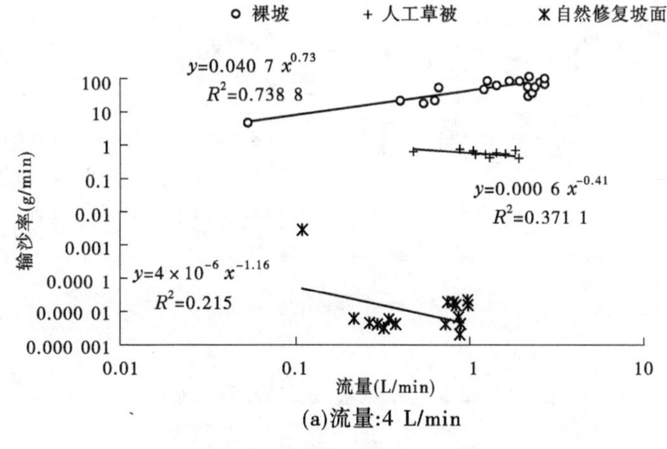

(a)流量:4 L/min

图5-13　输沙率与流量相关关系

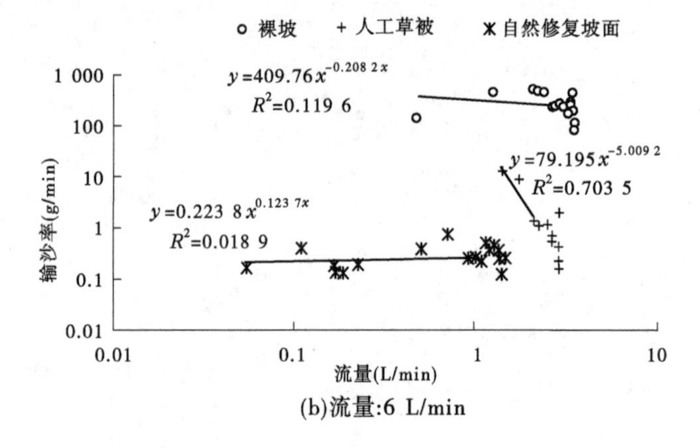

(b)流量:6 L/min

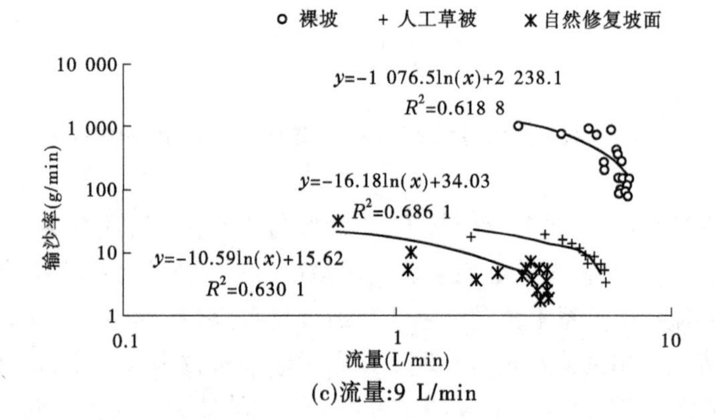

(c)流量:9 L/min

续图 5-13

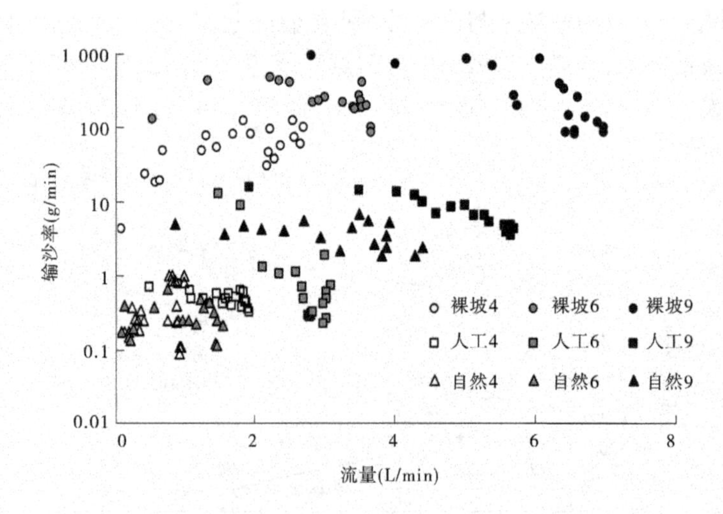

图 5-14　3 种冲刷流量级下输沙率与流量关系

5.4　覆盖度对水沙参数的影响分析

不同覆盖度坡面水沙参数统计见表 5-6。平均含沙量的大小总体随覆盖度的增加呈减小趋势;4 L/min 流量级时,覆盖度为 0 的坡面含沙量为 36.4 kg/m^3,覆盖度为 39.5%、53.4%、59.7% 和 87.7% 的坡面径流含沙量分别为 2.3 kg/m^3、0.9 kg/m^3、1.0 kg/m^3 和 0.3 kg/m^3,单位覆盖度的坡面径流含沙量逐渐减小,分别为 0.059 kg/m^3、0.016 kg/m^3、0.016 kg/m^3 和 0.004 kg/m^3;6 L/min 冲刷强度下,覆盖度为 0 的坡面径流含沙量为 84.7 kg/m^3,覆盖度为 33.6%、48.2%、56.4% 和 71.1% 的坡面径流含沙量分别为 6.5 kg/m^3、1.3 kg/m^3、1.1 kg/m^3 和 0.6 kg/m^3,单位覆盖度的坡面径流含沙量随覆盖度的增加呈减小趋势,覆盖度为 33.6%、48.2%、56.4% 和 71.1% 的坡面单位覆盖度的径流含沙量分别为 0.193 kg/m^3、0.028 kg/m^3、0.020 kg/m^3 和 0.009 kg/m^3;9 L/min 径流冲刷时,覆盖度为 0 的坡面径流含沙量为 55.5 kg/m^3,覆盖度为 33.8%、47.0%、58.7% 和 83.6% 的坡面径流含沙量分别为 3.4 kg/m^3、2.0 kg/m^3、2.8 kg/m^3 和 1.8 kg/m^3。

表 5-6　不同覆盖度坡面水沙参数统计

冲刷强度 (L/min)	覆盖度 C (%)	含沙			输沙		
		含沙量 S (kg/m^3)	$(S_c - S_0)/S_0 \times 100\%$ (%)	G/C (kg/m^3)	输沙率 Q_s (g/min)	$(Q_{sc} - Q_{s0})/Q_{s0} \times 100\%$ (%)	G/C (g/min)
4	0	36.4	—	—	60.90	—	—
	39.5	2.3	-93.6	0.059	3.96	-93.5	0.99
	53.4	0.9	-97.7	0.016	1.43	-97.7	1.34
	59.7	1.0	-97.3	0.016	1.02	-98.3	1.49
	87.7	0.3	-99.1	0.004	0.51	-99.2	2.19
6	0	84.7	—	—	249.48	—	—
	33.6	6.5	-92.4	0.193	16.42	-93.4	0.84
	48.2	1.3	-98.4	0.028	3.75	-98.5	1.21
	56.4	1.1	-98.7	0.020	3.09	-98.8	1.41
	71.1	0.6	-99.3	0.009	1.61	-99.4	1.78
9	0	55.5	—	—	332.79	—	—
	33.8	3.4	-93.9	0.100	17.37	-94.8	0.85
	47.0	2.0	-96.5	0.042	10.87	-96.7	1.18
	58.7	2.8	-95.0	0.047	14.46	-95.7	1.47
	83.6	1.8	-96.7	0.022	8.82	-97.3	2.09

注:S_c、Q_{sc} 分别代表除覆盖度为 0 外的其他覆盖度坡面的径流含沙量和输沙率;S_0、Q_{s0} 分别代表覆盖度为 0 的坡面径流含沙量和输沙率。

从输沙率参数分析,4 L/min 流量级时,覆盖度为 0 的坡面输沙率为60.90 g/min,覆盖度为 39.5%、53.4%、59.7% 和 87.7% 的坡面径流输沙率分别为 3.96 g/min、1.43 g/min、1.02 g/min 和 0.51 g/min;6 L/min 冲刷强度下,覆盖度为 0 的坡面输沙率为

249. 48 g/min，覆盖度为 33. 6%、48. 2%、56. 4% 和 71. 1% 的坡面径流输沙率分别为 16. 42 g/min、3. 75 g/min、3. 09 g/min 和 1. 61 g/min，单位覆盖度的坡面径流输沙率随覆盖度的增加呈减小趋势；9 L/min 径流冲刷时，覆盖度为 0 的坡面径流输沙率为 332. 79 g/min，覆盖度为 33. 8%、47. 0%、58. 7% 和 83. 6% 的坡面径流输沙率分别为 17. 37 g/min、10. 87 g/min、14. 46 g/min 和 8. 82 g/min，单位覆盖度的坡面径流输沙率随覆盖度的增加基本呈减小趋势。

点绘含沙量与覆盖度、输沙率与覆盖度关系曲线，发现含沙量 S 与覆盖度 C、输沙率 Q_s 与覆盖度 C 均满足幂函数 $y = ax^b$（a、b 为系数），见图 5-15、图 5-16 和表 5-7。系数 b 均小于 0，说明含沙量和输沙率均随覆盖度的增加而减小，同时系数 b 的绝对值随冲刷流量级先增大而后减小，说明覆盖度对含沙量和输沙率的影响程度随冲刷流量级而变，尤其在 9 L/min 冲刷流量级下，其系数 a 明显低于中、小流量级时的值，也说明在大流量级的冲刷下，覆盖度对含沙量和输沙率的作用已明显减弱。

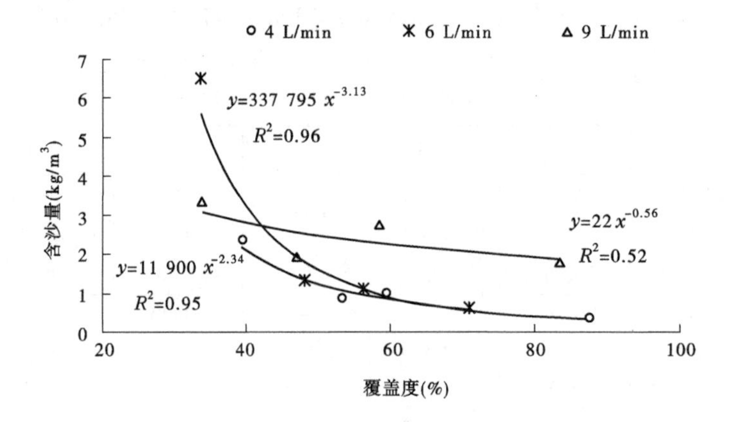

图 5-15　含沙量与覆盖度关系

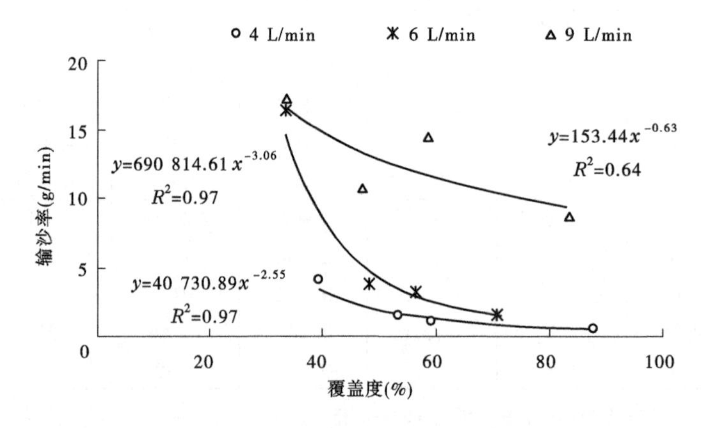

图 5-16　输沙率与覆盖度关系

表 5-7　含沙量、输沙率与覆盖度相关关系

相关关系	流量级 (L/min)	关系式	系数 a	系数 b	R^2	样本数
含沙量 S 与覆盖度 C	4	$y = 11\ 900x^{-2.34}$	11 900	-2.34	0.95	20
	6	$y = 337\ 795x^{-3.13}$	337 795	-3.13	0.96	20
	9	$y = 22x^{-0.56}$	22	-0.56	0.52	20
输沙率 Q_s 与覆盖度 C	4	$y = 40\ 730.89x^{-2.55}$	40 730.89	-2.55	0.97	20
	6	$y = 690\ 814.61x^{-3.06}$	690 814.61	-3.06	0.97	20
	9	$y = 153.44x^{-0.63}$	153.44	-0.63	0.64	20

不同覆盖度人工草被坡面的含沙量过程线见图 5-17。在 4 L/min、6 L/min 流量级的冲刷模拟试验中,覆盖度为 0 的坡面含沙量过程线最高,低覆盖度(覆盖度为 39.5% 和 33.6%)的坡面径流含沙量次之,覆盖度最高(87.7% 和 71.1%)的坡面径流含沙量最低,中覆盖度(覆盖度为 53.4%、59.7% 和 48.2%、56.4%)坡面的径流含沙量介于中间,而在 9 L/min 流量级的冲刷试验中,4 种草被覆盖度(33.8%、47%、58.7% 和 83.6%)的径流含沙量交错在一起,覆盖度变化对径流含沙量的影响已不明显。

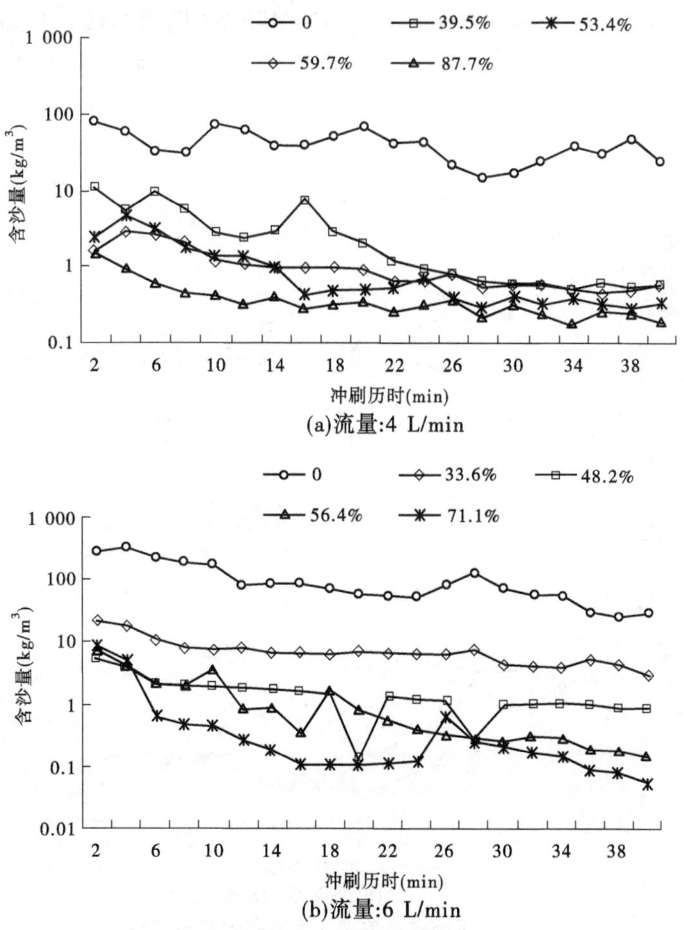

图 5-17　不同覆盖度人工草被坡面径流含沙量过程线

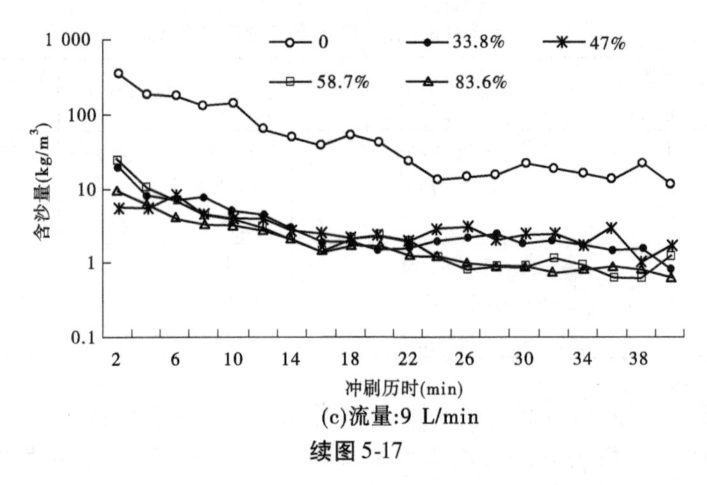

(c)流量:9 L/min

续图 5-17

输沙率过程与含沙量过程趋势类似(见图 5-18),在 4 L/min、6 L/min 流量级的冲刷模拟试验中,覆盖度最低的坡面径流输沙率最高,中覆盖度坡面的径流输沙率次之,径流输沙率最低的是高覆盖度坡面;在冲刷流量较大流量级(9 L/min)的冲刷试验中,3 种覆盖度坡面的径流输沙率过程线交错在一起,覆盖度对输沙率过程的影响已不明显。

点绘 3 种冲刷流量级下坡面径流含沙量与流量关系(见图 5-19)、径流输沙率和流量关系(见图5-20)发现,在中小流量级冲刷时,含沙量和输沙率随覆盖度的增加而减小,但

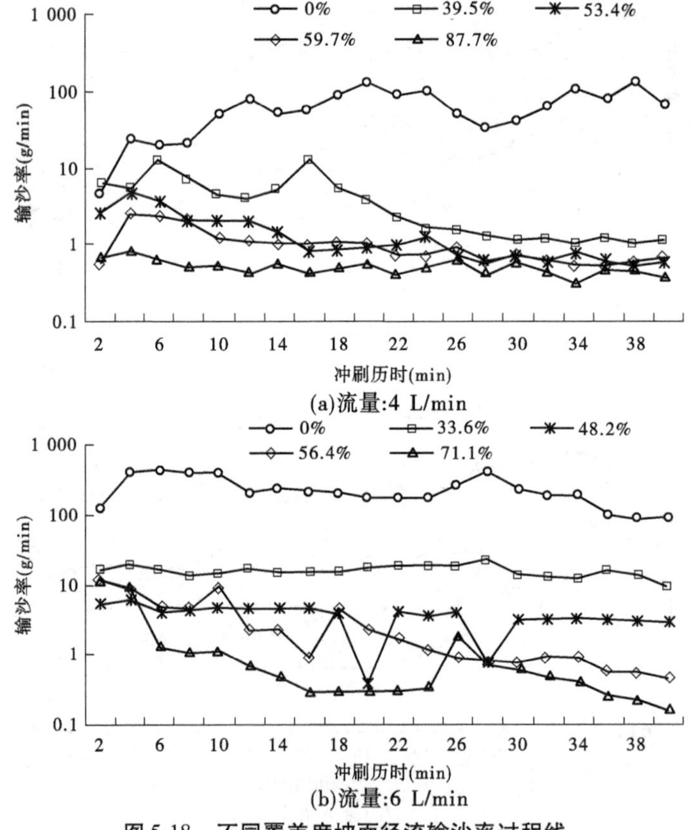

图 5-18　不同覆盖度坡面径流输沙率过程线

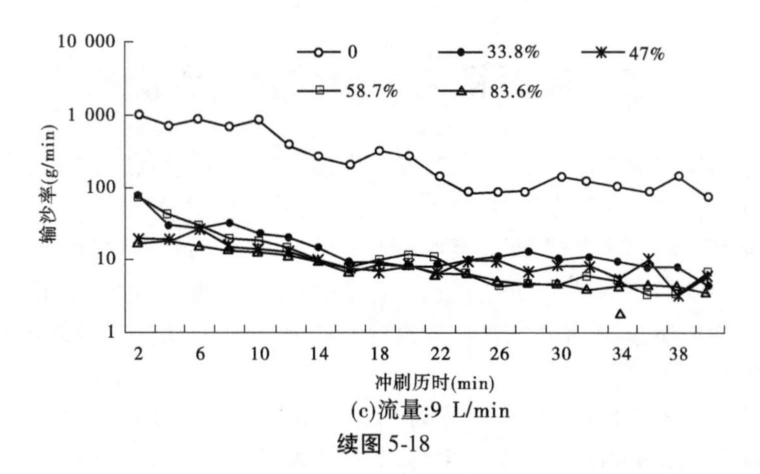

(c)流量:9 L/min

续图 5-18

在大流量级(9 L/min)冲刷时,覆盖度对含沙量与流量、输沙率与流量的关系影响已不明显,但与覆盖度为 0 的坡面相比,有草被覆盖的坡面其径流含沙量和输沙率数据点仍明显偏低,这说明即使在大流量级径流冲刷时,虽然覆盖度对产输沙的影响已减弱,但与覆盖度为 0 的裸坡相比,草被坡面仍具有明显的减蚀作用。

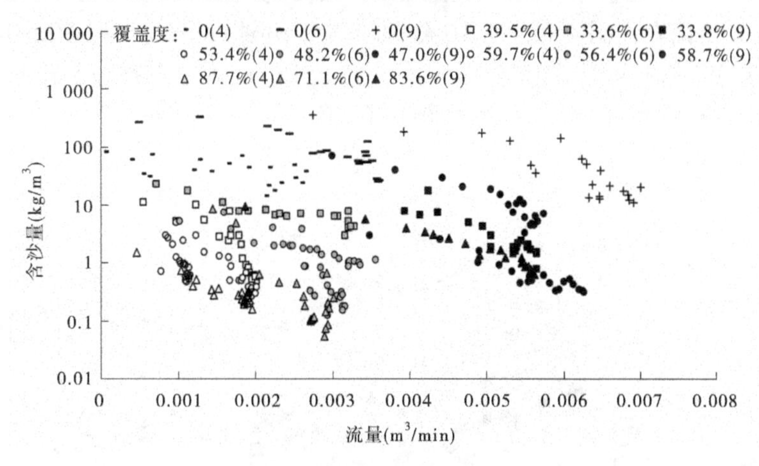

图 5-19　3 种冲刷流量级下含沙量与流量相关关系

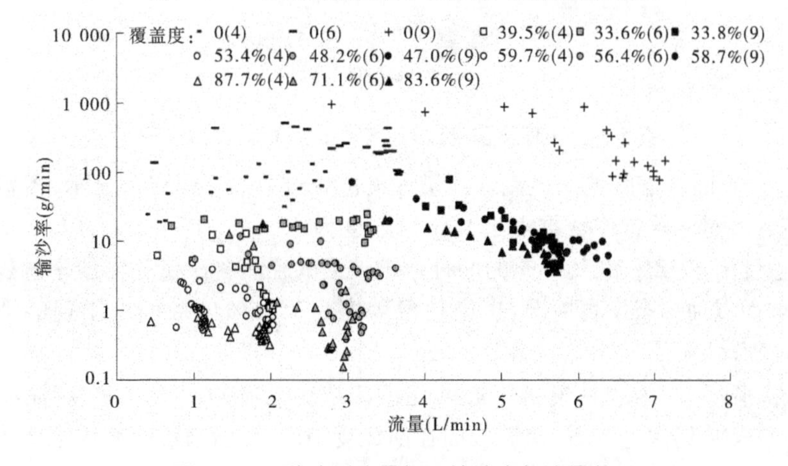

图 5-20　3 种冲刷流量级下输沙率与流量关系

5.5　坡面径流水沙过程演变特征

冲刷模拟试验有别于降雨模拟试验,降雨模拟试验下径流沿坡面递增,易在坡面的中下部形成跌坎链并逐步相互连通成细沟[22],冲刷试验条件下径流动能是沿坡面衰减的,因此跌坎较常在坡面上部出现,而逐渐冲淘形成细沟,产沙过程与含沙量、输沙率过程的变化伴随着坡面跌坎产生与细沟发育过程;在草被坡面,水流从稳流池到达坡面即开始受到草株的拦挡而消能,其坡面跌坎发生和发育不明显,即使局部有小跌坎出现,其形态发育过程也不明显。

图 5-21 为裸坡(覆盖度 0)、覆盖度为 47.2% 和 75.5% 的草被坡面(行距分别为 20 cm 和 15 cm)的产沙过程线。由图 5-21 可见,裸坡坡面在冲刷历时前 16 分钟呈高峰产沙过程,第 16 分钟至第 22 分钟呈次高峰产沙过程,之后坡面产沙趋于稳定,结合坡面跌坎和细沟发育过程,坡面产沙过程的峰值在其后 2～4 min 出现,覆盖度为 47.2% 的草被坡面没有观测记录到明显的形态变化,其坡面产沙过程在第 6 分钟后即进入波动稳定状态,而覆盖度为 75.5% 的草被坡面的产沙过程线在第 20 分钟和第 32 分钟时分别出现两个小的峰值,与其坡面在冲刷历时的第 16 分钟和第 28 分钟时记录到跌坎和细沟发育有关,说明了坡面形态发育和产沙过程的同步性。(行距 15 cm 人工草被坡面产沙和坡面发育特征可能与坡面土壤中蝼蛄虫等生物的活动有关)

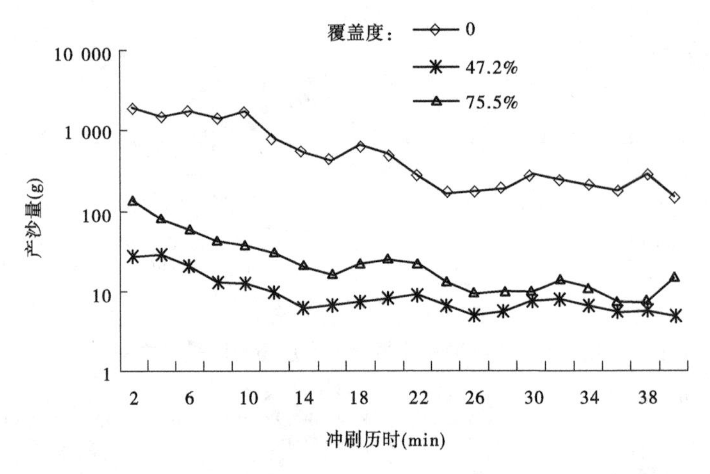

图 5-21　不同覆盖度坡面(第 1 场次试验)产沙过程

图 5-22 为不同覆盖度坡面径流含沙量和输沙率过程线,图 5-22 显示,覆盖度为 0 的裸坡其径流含沙量和输沙率数据点远高于覆盖度为 47.2% 和 75.5% 的人工草被坡面的数据点,覆盖度为 47.2% 和 75.5% 的两种草被坡面的径流含沙量和输沙率过程线差别不明显,结合坡面侵蚀形态发育情况,也说明覆盖度为 75.5% 的坡面上出现的细沟对含沙量和输沙率的作用不明显。

图 5-23～图 5-26 为 3 种覆盖度坡面连续 5 场次径流冲刷的产沙、产流过程和含沙量、输沙率过程,从场次过程看,裸坡坡面在前 2 场中产沙过程较高,其中第 2 场产沙过程

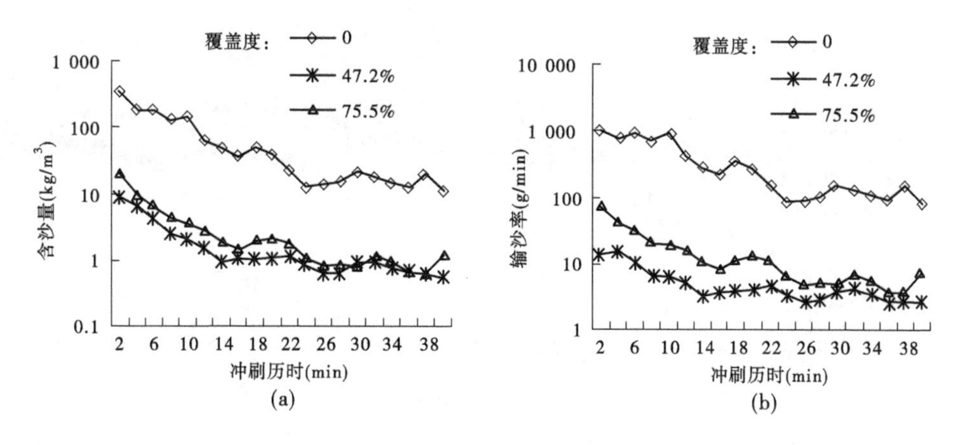

图 5-22　不同覆盖度坡面(第 1 场次试验)径流含沙量和输沙率过程线

达到最高峰,而之后的 3 场冲刷试验中,裸坡坡面的产沙过程基本趋于稳定,其径流含沙量和输沙率过程线的变化趋势和产沙过程线一致。结合裸坡坡面试验过程中坡面形态的观测,在第 2 场次试验中,裸坡坡面的细沟沟岸扩张和沟壁坍塌发育活跃,因而导致了裸坡在第 2 场次试验过程的高产沙过程。这种现象也说明,在试验模拟条件下,裸坡坡面在经历 2 场流量相当于 9 L/min 量级的径流冲刷后,其坡面切割和细沟发育已到稳定,坡面形态发育得支离破碎,相对稳定的径流流路和 9 L/min 冲刷模拟量级下的挟沙能力达到相对平衡。而对于覆盖度为 47.2% 和 75.5% 草被坡面,均在第 2 场次中出现了产沙过程、含沙量过程和输沙率过程的陡增现象,并在后续的几场径流冲刷模拟中保持相对稳定产沙过程,其含沙量和输沙率也较稳定,由于草被对径流的阻滞作用和消能作用,在连续 5 场试验中,产沙过程较稳定,坡面侵蚀形态变化并不明显,这也正验证了坡面产沙和侵蚀形态发育的同步性。

对于图 5-23 ~ 图 5-26 中出现的高覆盖度(75.5%)坡面产沙产流过程高于低覆盖度(47.2%)坡面的现象,可能与前期条件(人为扰动、含水量和径流流路等)的影响有关,随着冲刷场次的增加,坡面条件的差异减小,高覆盖度坡面的减水减沙作用在后 3 场次冲刷试验中得以表现。

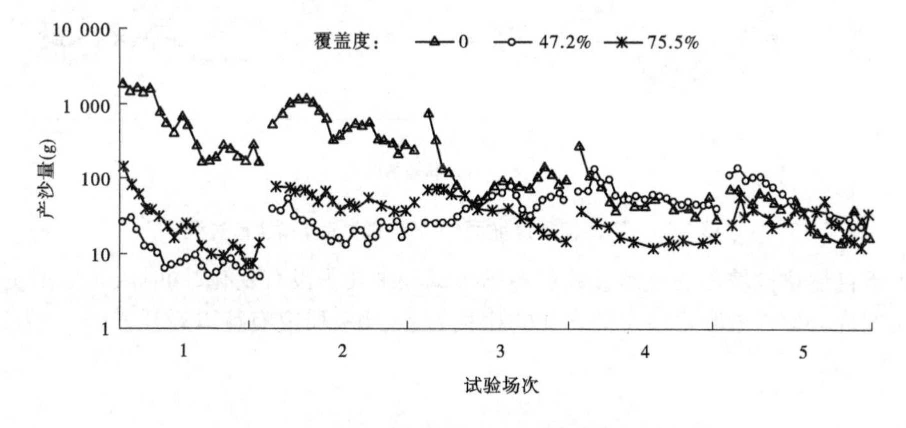

图 5-23　不同覆盖度坡面(5 场连续试验)产沙过程

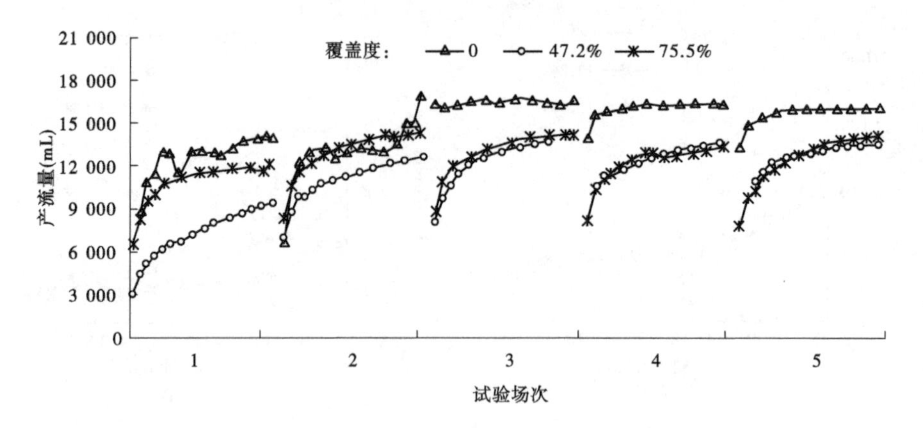

图 5-24　不同覆盖度坡面(5 场连续试验)产流过程

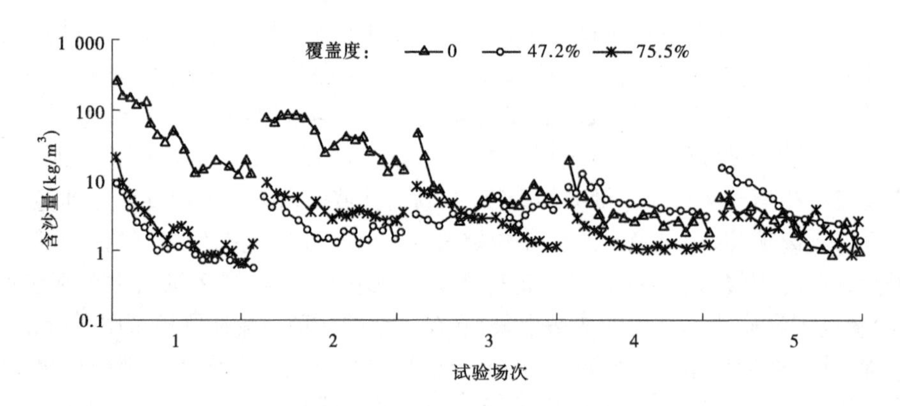

图 5-25　不同覆盖度坡面(5 场连续试验)含沙量过程

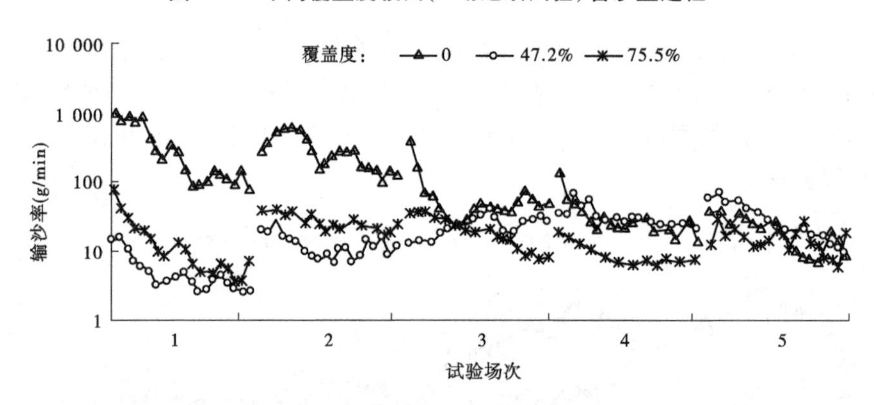

图 5-26　不同覆盖度坡面(5 场连续试验)输沙率过程

由于自然草被坡面的分形参数在各场次试验中几乎没有变化,同时限于数据量较少,尚无法发现分形参数和水沙参数之间的相关关系,相关研究有待以后开展。

5.6　被覆对坡面水沙关系的作用程度

根据以上水沙过程及水沙参数的分析,可以确定被覆抵抗径流冲刷的能力(植被的水土保持作用)有一定的限度,将不同流量级的产沙过程线、产流过程线、含沙量过程线同时进行分析比较,见图5-27～图5-29。由图5-27可见,随着冲刷流量级的增加,裸坡坡面的产沙量逐渐增加,并且6 L/min和9 L/min流量级冲刷试验中,由于坡面的发育趋于稳定状态,坡面径流2分钟产沙量基本稳定(177 g)和自然修复坡面覆盖度相当的人工草被坡面在4 L/min流量级时,稳定状态的2分钟产沙量约为0.35 g,到6 L/min冲刷流量级时,稳定状态的2分钟产沙量约为30.17 g,达到最大值,9 L/min流量级径流冲刷时,其坡面径流产沙量和6 L/min流量级时相比差别不是很明显;对于已退耕3年的自然修复坡面,在4 L/min和6 L/min流量级冲刷条件下,其坡面径流产沙过程无明显变化,2分钟径流产沙量均较低,约为0.5 g,当冲刷流量级达9 L/min时,自然修复坡面的产沙过程线猛然抬升,2分钟径流产沙量达5.45 g。从产沙过程线看,在4 L/min流量级时,人工草被和自然修复坡面的产沙过程线几乎交织在一起,而在6 L/min流量级冲刷时,人工草被坡面的产沙过程线迅速上升,同时在9 L/min流量级试验中,自然修复坡面的产沙过程线抬升导致二者的产沙过程线又波动交织在一起,说明自然修复坡面的减蚀作用稍强于人工草被坡面。径流过程线(见图5-28)的特征说明自然修复坡面对径流的拦蓄能力最强,含沙量和输沙率过程线(见图5-29)的特征和产沙过程线的特征类似,说明自然修复坡面抵抗径流冲刷的能力最强,至9 L/min流量级以上,其减蚀作用被削弱,当年生的紫花苜蓿草被经历2个月的生长期可抵抗低流量级的径流冲刷,当流量级增加到6 L/min以上时,其减蚀作用被削弱。

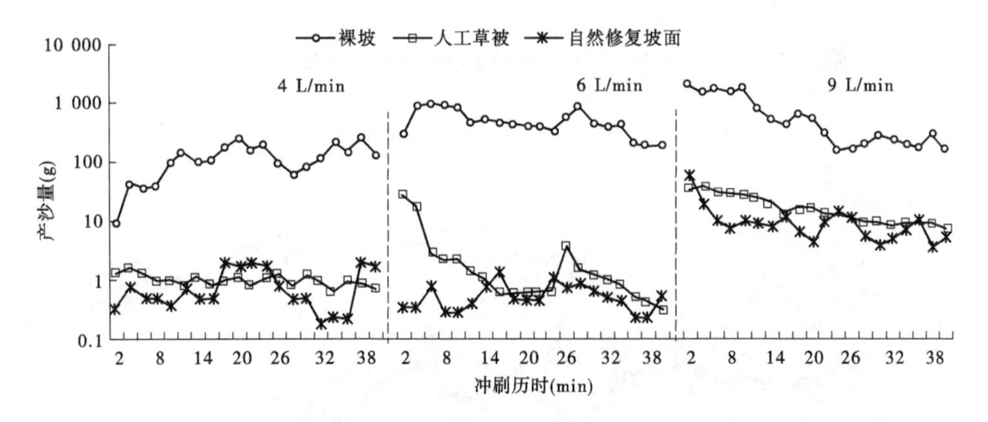

图5-27　不同被覆类型坡面产沙过程

在同一被覆类型不同覆盖度条件下,人工草被坡面的减沙减水效益随冲刷流量的增加而降低(见图5-30～图5-32)。

土壤剥蚀率指坡面径流剥蚀土壤的速率,即单位面积和单位时间内坡面径流剥离土壤的质量,计算公式为

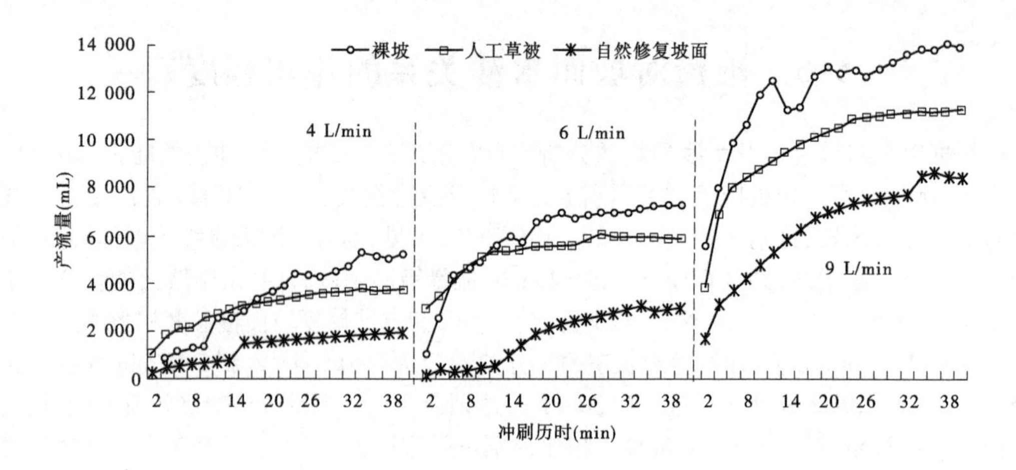

图 5-28　不同被覆类型坡面产流过程

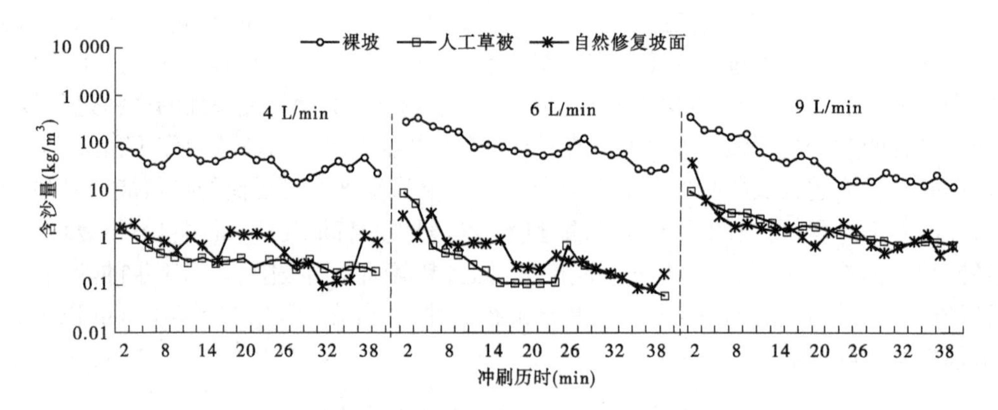

图 5-29　不同被覆类型坡面含沙量过程

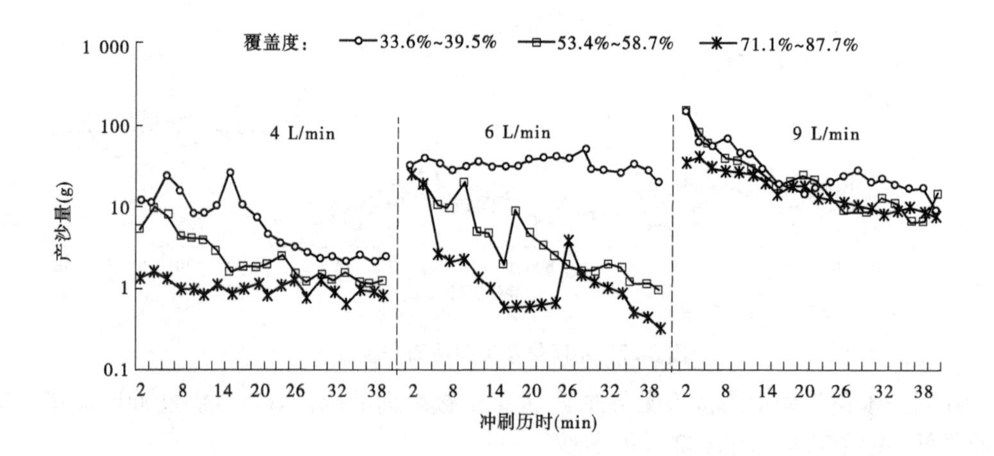

图 5-30　不同覆盖度坡面产沙过程

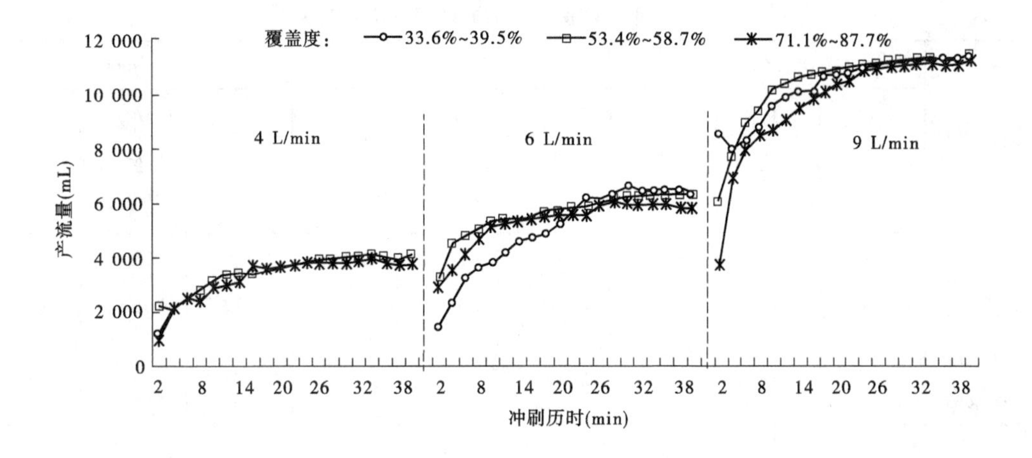

图 5-31　不同覆盖度坡面产流过程

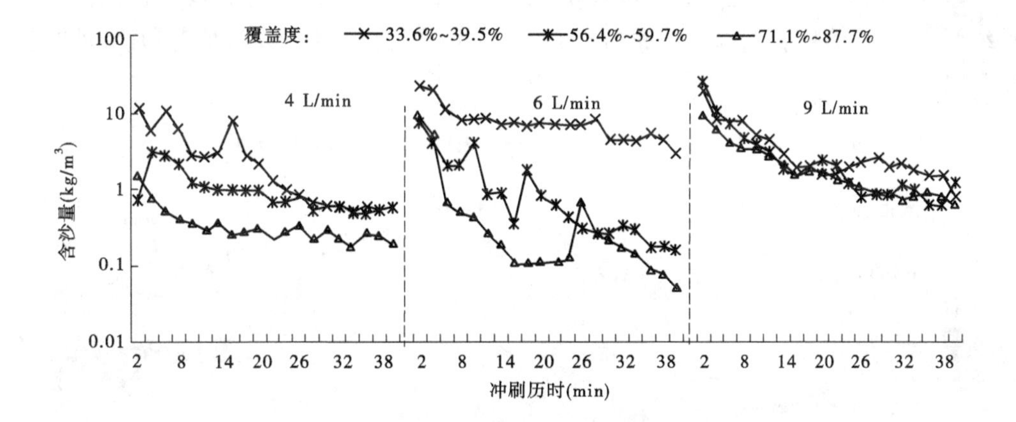

图 5-32　不同覆盖度坡面含沙量过程

$$D_{ri} = \frac{W_i}{A_i} \tag{5-1}$$

式中：D_{ri}为第 i 时段坡面径流剥蚀率，g/(s · m^2)；W_i为第 i 时段单位时间的产沙量，g；A_i为第 i 时段坡面平均过流面积，m^2。

表 5-8 为不同被覆类型坡面径流平均剥蚀率统计表，表 5-8 显示，裸坡的径流剥蚀率远远大于自然修复坡面和人工草被坡面的剥蚀率，在 4 L/min 和 6 L/min 径流冲刷过程中，其径流剥蚀率分别为自然修复坡面的 59 倍和 776.3 倍，为人工草被坡面的 111.4 倍和 201.7 倍；随着冲刷流量的增加，自然修复坡面和人工草被坡面的径流剥蚀率也上升很快，和裸坡相比，裸坡的剥蚀率分别为自然修复坡面的 27.9 倍，为人工草被坡面的 15.7 倍。

表 5-8　不同被覆类型坡面径流平均剥蚀率　［单位：g/(s · m²)］

被覆类型	4 L/min			6 L/min			9 L/min		
	D_r	$D_{r裸}$（或 $D_{r人工}$）/$D_{r自然}$	$D_{r裸}$/$D_{r人工}$	D_r	$D_{r裸}$（或 $D_{r人工}$）/$D_{r自然}$	$D_{r裸}$/$D_{r人工}$	D_r	$D_{r裸}$（或 $D_{r人工}$）/$D_{r自然}$	$D_{r裸}$/$D_{r人工}$
裸坡	0.100 3	59.0	111.4	0.302 5	776.3	201.7	0.209 1	27.9	15.7
人工草被	0.000 9	0.5	—	0.001 5	3.8	—	0.013 3	1.8	—
自然修复坡面	0.001 7	—	—	0.000 4	—	—	0.007 5	—	—

结合剥蚀率过程线图（见图 5-33），裸坡坡面的径流剥蚀率过程线在 4 L/min 和 6 L/min时明显高于自然修复坡面和人工草被坡面的过程线，但在 9 L/min 径流冲刷过程中，裸坡的径流剥蚀率变低，而自然修复坡面和人工草被坡面的径流剥蚀率却较前两个流量级明显增加，说明自然修复坡面和人工草被坡面在抵抗较大流量冲刷时，其减蚀减水作用有限。

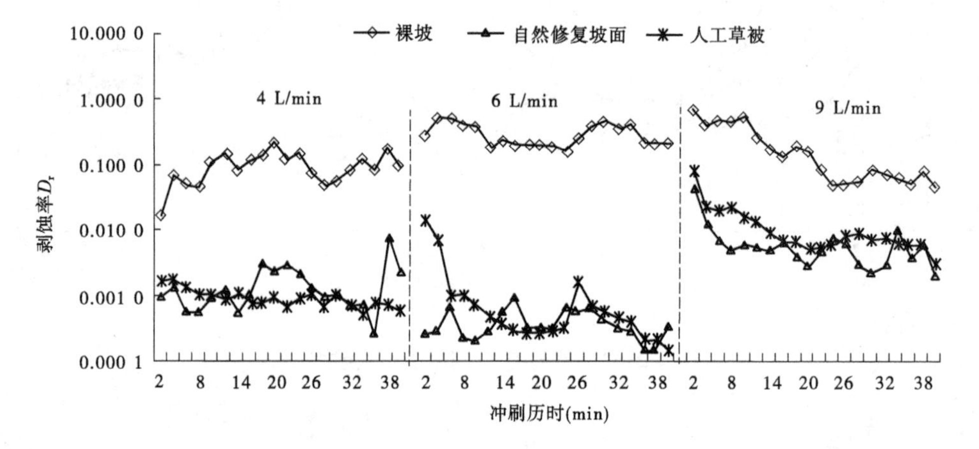

图 5-33　不同被覆类型坡面径流剥蚀率过程线

第 6 章　地表阻力对植被作用的响应关系

水流阻力是指水流在流动过程中所受到的来自边界的阻滞作用,表征河床边界对水流阻力大小的度量,称为糙率或糙率系数。对于定床明渠水流而言,糙率一般可视为一个常数。对于冲积河流来说,决定阻力的组成单元中,很多因素都与水流条件关系密切。对于坡面侵蚀过程中的径流来说,地面对水的阻滞作用可来自三个方面:土壤粒径组成及其排列、坡面侵蚀形态及水流本身结构。在河流水力计算中,关于水流阻力一般都是采用通过计算曼宁糙率系数或无量纲的 Darcy - Weisbach 系数来评价,所用资料主要来自不同条件下的现场实际量测和实验室的水槽试验。由于降雨持续时间短暂、侵蚀形态激变及降雨的突发性等原因,在评价土壤侵蚀过程中的水流阻力时,很难在现场实际量测有关的水力要素值,只通过室内原型模拟试验来探求水流阻力与水流要素立地条件之间的关系,确定不同条件时的水流阻大小。本次通过人工模拟降雨试验,定量研究了在 45 mm/h、90 mm/h 和 130 mm/h 降雨强度下 20°陡坡面裸地、草地和灌木地坡面流 Darcy - Weisbach 阻力系数和曼宁糙率系数等水流摩阻系数的变化,定量表述了植被增大地表阻力的作用,建立了植被坡面复合非线性地表阻力计算公式。

Darcy - Weisbach 阻力系数 f 是径流向下运动过程中受到的来自水土界面的阻滞水流运动力的总称,其表达式为

$$f = \frac{8gRJ}{V^2} \tag{6-1}$$

曼宁糙率系数 n 采用下式计算:

$$n = \frac{R^{\frac{2}{3}} J^{\frac{1}{2}}}{V} \tag{6-2}$$

式中:g 为重力加速度,980 cm/s^2;R 为水力半径,cm;J 为水面能坡;V 为水流平均流速,cm/s。

6.1　不同被覆条件下坡面流阻力系数变化特征

Darcy - Weisbach 阻力系数和曼宁糙率系数反映了坡面流在流动过程中所受的阻力大小,阻力系数越大,说明水流克服坡面阻力所消耗的能量就越大,则用于坡面侵蚀和泥沙输移的能量就越小。从图 6-1 ~ 图 6-3 中可以看出,由于植被覆盖措施的较大阻滞作用,相对于裸地坡面,草地和灌木地坡面径流阻力系数明显增大。在降雨强度为 45 mm/h 时,裸地坡面的阻力系数呈波动增加的趋势,草被灌木坡面阻力系数变化趋势平稳,由于植被坡面相对裸地,其糙率增加使得水流流速明显降低,导致植被坡面流阻力明显增大。在降雨强度为 90 mm/h 时,裸地坡面的阻力系数呈波动增加的趋势,这是因为在试验初期坡面跌坎的出现使得坡面流阻力突然增大,随着细沟的形成和发展,细沟流速明显增

大,坡面流阻力呈减小的趋势,但是细沟的不断形成和发展,坡面流阻力也呈复杂的变化趋势。草被和灌木坡面阻力系数呈波动减小的趋势,这是因为在试验进行到 30 分钟左右时,植被坡面沿程出现了不均匀水深,并在流路上出现一个个月牙形的微小陡坎,局部流速不断增大,使坡面水流的阻力系数减少。在降雨强度为 130 mm/h 时,裸地坡面阻力呈减小的趋势,这是因为在降雨初期细沟的形成增加了沟槽形态对水流的阻碍作用,降雨 20 分钟后细沟贯通,沟蚀的形成增大了流速,坡面阻力明显减小。草被和灌木坡面伴随跌坎的出现使得水流流速增大,导致坡面流阻力也呈减小的趋势。

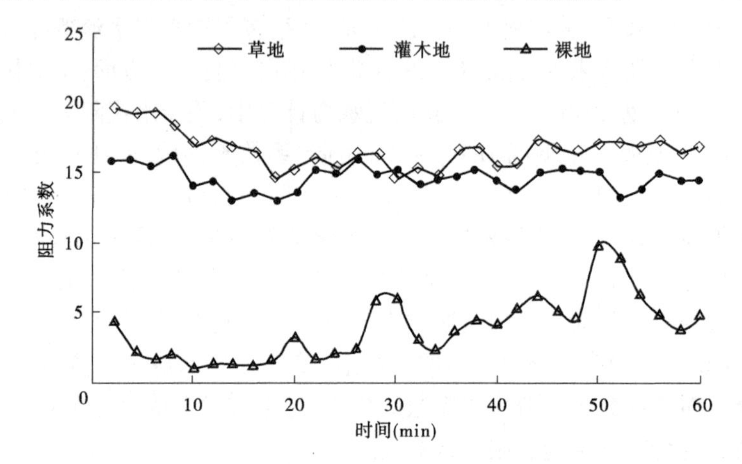

图 6-1　45 mm/h 降雨强度下不同被覆坡面阻力系数变化过程

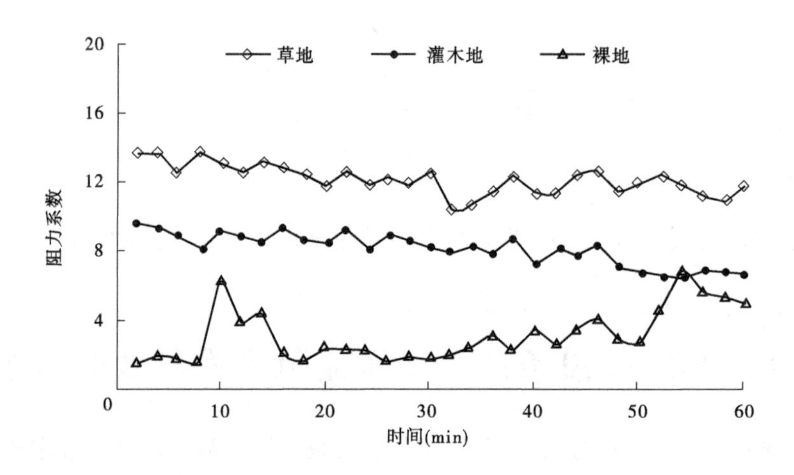

图 6-2　90 mm/h 降雨强度下不同被覆坡面阻力系数变化过程

坡面流曼宁系数的变化过程同阻力系数的变化过程基本一致(见图 6-4 ~ 图 6-6),只是变化幅度略有差异,如果仅从数值差异对比角度看,当数值较小时用曼宁系数更便于比较,当数值较大时用阻力系数更好。在降雨强度为 45 mm/h 时,裸地坡面的曼宁系数呈波动增加的趋势,草被的坡面流曼宁系数大于灌木,草被的阻滞作用明显。在降雨强度为

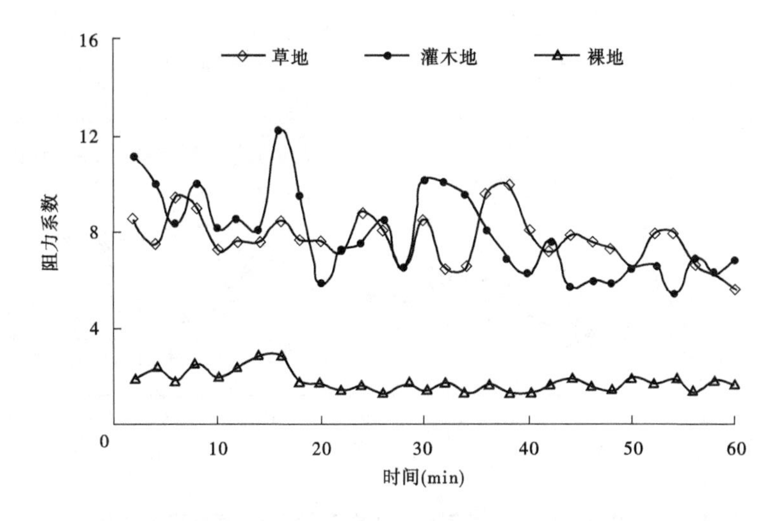

图6-3　130 mm/h 降雨强度下不同被覆坡面阻力系数变化过程

90 mm/h 时，裸地坡面曼宁系数呈波动变化趋势，草被和灌木坡面曼宁系数呈波动减小的趋势，但是草地和灌木地坡面在降雨后期均出现了突然增大的现象，其原因是坡面流路上出现微小陡坎，坡面局部流速突然增大，集中水流也引起了水力半径增大，水力半径的增大程度相对于流速的增大程度要大，因而阻力系数值出现了跳跃，之后逐渐减小。在降雨强度为 130 mm/h 时，裸地坡面阻力呈减小的趋势，草被和灌木坡面伴随跌坎的出现使得水流流速增大，导致坡面流阻力也呈减小的趋势。

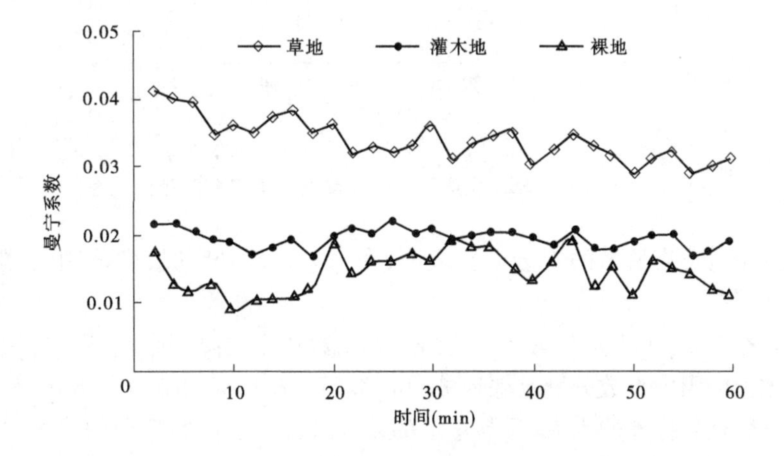

图6-4　45 mm/h 降雨强度下不同被覆坡面曼宁系数变化过程

Darcy - Weisbach 阻力系数和曼宁阻力系数是被普遍采用的反映水流阻力特征的水力参数，关于坡面细沟侵蚀中 Darcy - Weisbach 阻力系数大小问题，已有的试验结果很不一致。Abrahams 等[26]在坡度为 0.74° ~ 3.2°的缓坡上，对形态宽浅的细沟的试验结果表明，Darcy - Weisbach 阻力系数变化于 0.2 ~ 2.84。Gilley[39]在坡度为 2° ~ 5.6°的坡面上的试验结果是阻力系数随坡度和流量的不同变化很大，变化于 0.17 ~ 8。Foster[28]通过模

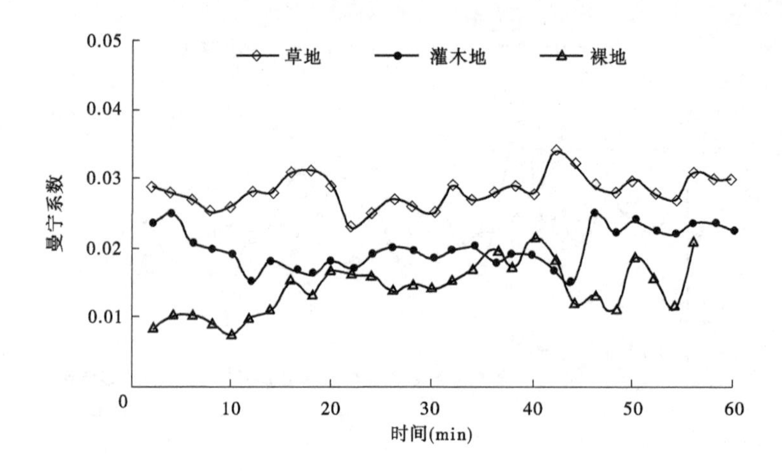

图 6-5　90 mm/h 降雨强度下不同被覆坡面曼宁系数变化过程

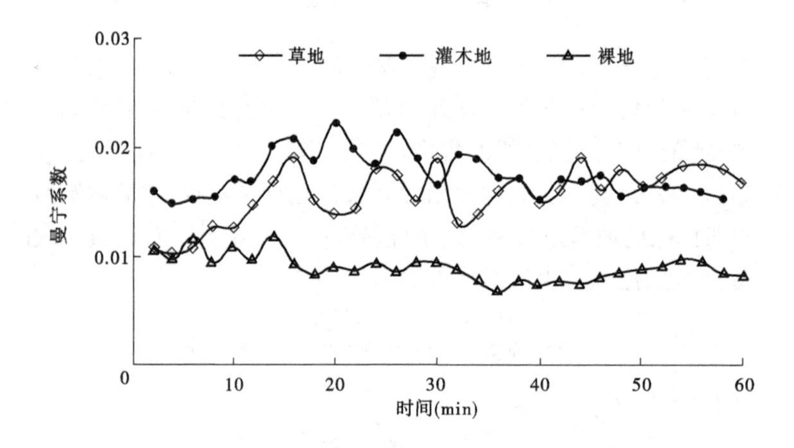

图 6-6　130 mm/h 降雨强度下不同被覆坡面曼宁系数变化过程

拟天然形成的细沟形态所做的定床试验表明，在 1.7°～5.16°的坡度范围内，阻力系数 f 不超过 0.50。

由表 6-1 和表 6-2 可见，不同被覆坡面阻力系数在不同降雨强度下差异很大。草被坡面和灌木坡面的阻力系数分别是裸地坡面的 5.58～7.45 倍和 5.61～6.26 倍，草地、灌木地的阻力系数远较裸地的为大，且与草地的差异最大。在试验选用的降雨强度和被覆条件下，裸地坡面的阻力系数变化于 0.61～4.83。在降雨强度较小时，植被坡面的阻力系数普遍大于 12，为裸地坡面的 3.4～18.7 倍，大降雨强度时，为裸地坡面的 4.3～10.6 倍。草被坡面和灌木坡面的曼宁系数分别是裸地坡面的 1.63～1.92 倍和 1.10～1.85 倍，草地、灌木坡面流曼宁系数远较裸地的为大，且与草地的差异最大。在试验选用的降雨强度和被覆条件下，裸地坡面的曼宁系数变化于 0.006～0.023。

在降雨强度小时，植被阻力系数变化范围不大，在降雨强度大时，只有坡上部的阻力系数较大。植被对坡面流的阻滞作用随着降雨强度的增大而减小，降雨强度增大了坡面流速度,水深减小,阻力系数明显减小。同时,降雨强度越大,由于草地和灌木坡面侵蚀跌坎的出现,两种被覆条件的阻力系数与裸地的阻力系数差别很小,这就是说,在试验降雨强度较小时,草地和灌木的滞水作用是比较明显的,而降雨强度较大时其对产流的阻滞作用就会降低。从表 6-1 还可以看出,在 45 mm/h 和 90 mm/h 降雨强度下,尽管灌木地的覆盖度比草地的稍大,但是草地的阻延作用却比灌木地的大,由此可初步认为,在降低降雨强度条件下,草地对径流的阻延影响大于灌木地。或者说,在降雨强度为 130 mm/h 时,灌木的阻延作用比 45 mm/h 降雨强度下的明显。已有文献认为,草被的地表结皮作用改善了土壤的理化性质和增强了土壤的黏聚力,因而在低降雨强度时,草被较灌木坡面起到了明显的阻延径流作用,而在降雨强度较大时,根据试验过程观测,由于草被地表结皮受到破坏和径流冲刷,草被坡面断续细沟的出现减小了坡面径流阻力。但是,灌木坡面由于枯枝落叶层的存在增大了地表有效糙率和径流的入渗能力,因而起到了明显的阻延径流作用。

从能量角度分析,水流阻力主要来自三个方面:沙粒本身对水流的阻碍作用,沟槽形态对水流的阻碍作用及水流所挟带泥沙的影响。由于在侵蚀发生过程中,上述三种作用都与水流强度有很大的关系,水流强度又在很大程度上取决于流量和坡度的变化,坡面水流所受的阻力也必然与其流量和坡度大小密切相关。在流量、坡度等条件相同的情况下,阻力系数越大,水流克服阻力所消耗的能量越多,则水流用于侵蚀和泥沙输移的能量越小,土壤侵蚀就越微弱,因而研究坡面流阻力系数对分析侵蚀过程力学机理具有重要的理论意义。

表 6-1　不同被覆坡面水流阻力系数变化特征

降雨强度(mm/h)	立地条件	断面 1	断面 2	断面 3	断面 4	断面 5	平均	比值
45	裸地	4.83	3.75	2.12	1.23	0.87	2.56	
90		3.12	2.22	1.63	1.11	0.61	1.74	
130		2.36	1.75	1.15	0.92	0.68	1.37	
45	草地	20.33	19.64	18.52	17.84	16.23	18.51	7.23
90		15.46	14.31	12.89	11.69	10.35	12.94	7.45
130		10.23	9.56	7.61	5.98	4.89	7.65	5.58
45	灌木地	16.31	15.84	14.23	13.27	12.13	14.36	5.61
90		13.45	12.63	10.54	9.12	8.57	10.86	6.26
130		10.25	9.63	8.12	7.35	7.21	8.51	6.20

表 6-2　不同被覆坡面水流曼宁系数变化特征

降雨强度(mm/h)	立地条件	断面 1	断面 2	断面 3	断面 4	断面 5	平均	比值
45	裸地	0. 023	0. 019	0. 018	0. 015	0. 013	0. 018	
90		0. 018	0. 017	0. 015	0. 013	0. 011	0. 015	
130		0. 012	0. 012	0. 009	0. 007	0. 006	0. 009	
45	草地	0. 043	0. 039	0. 037	0. 029	0. 017	0. 033	1. 88
90		0. 039	0. 031	0. 027	0. 026	0. 019	0. 028	1. 92
130		0. 023	0. 018	0. 015	0. 011	0. 008	0. 015	1. 63
45	灌木地	0. 026	0. 024	0. 021	0. 015	0. 011	0. 019	1. 10
90		0. 025	0. 021	0. 018	0. 014	0. 011	0. 018	1. 20
130		0. 021	0. 020	0. 019	0. 014	0. 011	0. 017	1. 85

表 6-3 和图 6-7 为不同被覆类型坡面径流阻力系数,表 6-3 和图 6-7 显示,自然修复坡面的阻力系数最大,在 4 L/min、6 L/min 和 9 L/min 流量级径流冲刷模拟试验中,自然修复坡面的阻力系数先增加后减小,分别为裸坡的 6. 9 倍、10. 7 倍和 1. 3 倍,为人工草被坡面的 7. 5 倍、9. 7 倍和 3. 5 倍;人工草被坡面的阻力系数和裸坡的阻力系数相当,9 L/min流量级冲刷试验中,由于坡面形态切割破碎,对径流起一定的阻滞作用,导致其平均阻力系数大于人工草被坡面。

表 6-3　不同被覆类型坡面径流阻力系数

被覆类型	4 L/min			6 L/min			9 L/min		
	λ	$\lambda_{草}/\lambda_{裸}$	$\lambda_{自然}/\lambda_{人工}$	λ	$\lambda_{草}/\lambda_{裸}$	$\lambda_{自然}/\lambda_{人工}$	λ	$\lambda_{草}/\lambda_{裸}$	$\lambda_{自然}/\lambda_{人工}$
裸坡	0. 75	—	—	0. 627	—	—	1. 362	—	—
人工草被	0. 694	0. 9	—	0. 698	1. 1	—	0. 511	0. 4	—
自然修复坡面	5. 177	6. 9	7. 5	6. 738	10. 7	9. 7	1. 788	1. 3	3. 5

注:$\lambda_{草}$指人工草被或自然修复坡面的径流阻力系数;$\lambda_{裸}$、$\lambda_{人工}$和$\lambda_{自然}$分别指三种被覆类型的径流阻力系数。

图 6-8 为不同被覆类型坡面阻力系数过程线,从图中可见,在 4 L/min 和 6 L/min 径流冲刷时,自然修复坡面的阻力系数远大于裸坡和人工草被坡面的,而到 9 L/min 流量级冲刷时,自然修复坡面的阻力系数明显下降,其阻力系数大小和裸坡坡面的阻力系数大小相当,这正是导致自然修复坡面在较大流量级时水沙关系出现拐点的因素之一,也是自然修复坡面在大流量级时减水减沙作用减弱的重要因素。

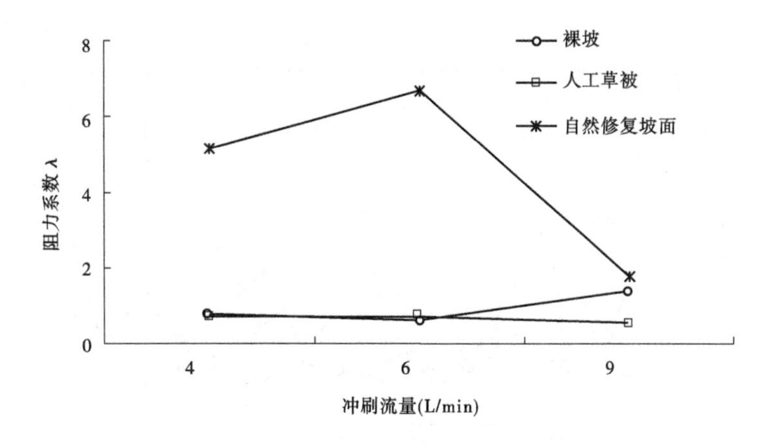

图 6-7　不同被覆类型坡面径流阻力系数

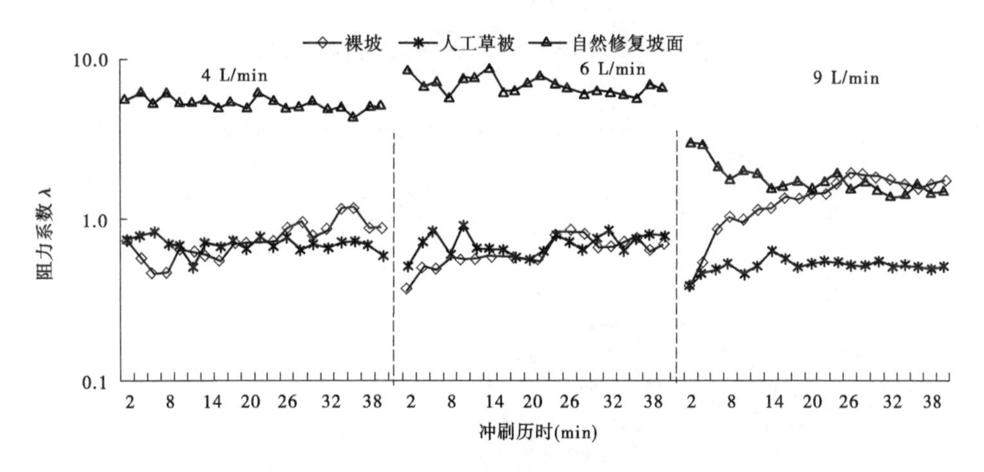

图 6-8　不同被覆类型坡面阻力系数过程线

6.2　坡面流阻力系数的影响因素分析

图 6-9 ~ 图 6-11 分别为降雨强度对裸地、草地、灌木坡面阻力系数的影响，图 6-9 ~ 图 6-11表明，阻力系数随降雨强度的增加而减小。当降雨强度由 45 mm/h 增至 90 mm/h 和 130 mm/h 时，坡面阻力系数从上往下呈减小的趋势。在降雨强度为 45 mm/h 时，水流阻力系数变化于 1.27 ~ 9.90；当降雨强度增大到 90 mm/h 时，坡面的水流阻力系数呈减小趋势，变化于 1.41 ~ 6.74；当降雨强度增大到 130 mm/h 时，坡面的水流阻力系数明显减小，变化于 1.24 ~ 2.85。小降雨强度时，阻力系数的波动性较大，大降雨强度时，流速较大，起着主导作用，阻力系数变化较小。

草被坡面阻力系数随着降雨强度的增大呈减小的趋势，在降雨强度为 45 mm/h 时，阻力系数变化于 19.16 ~ 30.25；在降雨强度为 90 mm/h 时，阻力系数变化于 9.48 ~ 23.91；在降雨强度为 130 mm/h 时，阻力系数变化于 7.79 ~ 13.07。植被覆盖坡面，流速都呈上升的趋势，小降雨强度时，坡面阻力系数变化复杂，阻力系数的变化过程呈先减小

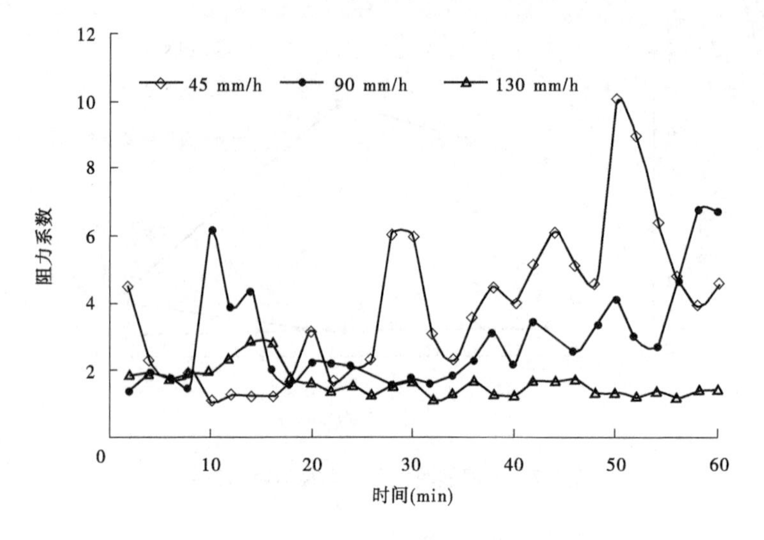

图 6-9　降雨强度对裸地坡面阻力系数的影响

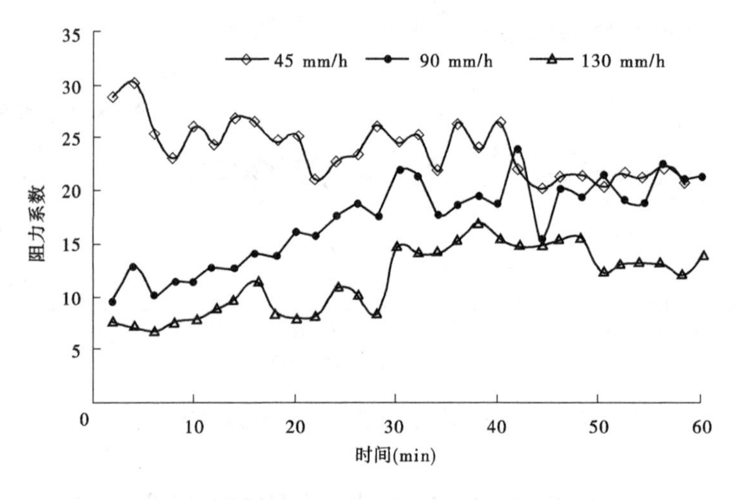

图 6-10　降雨强度对草地坡面阻力系数的影响

再增大的趋势;大降雨强度时,阻力系数呈波动上升的趋势。

灌木坡面阻力系数随着降雨强度的增大呈减小的趋势,在降雨强度为 45 mm/h 时,阻力系数变化于 6. 08 ~ 9. 46;在降雨强度为 90 mm/h 时,阻力系数变化于 3. 86 ~ 9. 68;在降雨强度为 130 mm/h 时,阻力系数变化于 2. 95 ~ 6. 62。45 mm/h 和 90 mm/h 降雨强度时,坡面阻力系数变化复杂,阻力系数的变化过程为先减小再增大,大降雨强度时,阻力系数呈波动下降的趋势。

图 6-12 ~ 图 6-14 分别为降雨强度对裸地、草地、灌木坡面曼宁系数的影响。图 6-12 ~ 图 6-14 表明,裸地坡面流曼宁系数随降雨强度的增加而减少。当降雨强度由 45 mm/h 增至 90 mm/h 和 130 mm/h 时,坡面曼宁系数从上往下呈减小的趋势。在降雨强度为 45 mm/h 时,水流曼宁系数变化于 0. 021 ~ 0. 008;当降雨强度增大到 90 mm/h 时,坡面的水流曼宁系数呈减小趋势,变化于 0. 019 ~ 0. 007;当降雨强度增大到 130 mm/h 时,坡面的

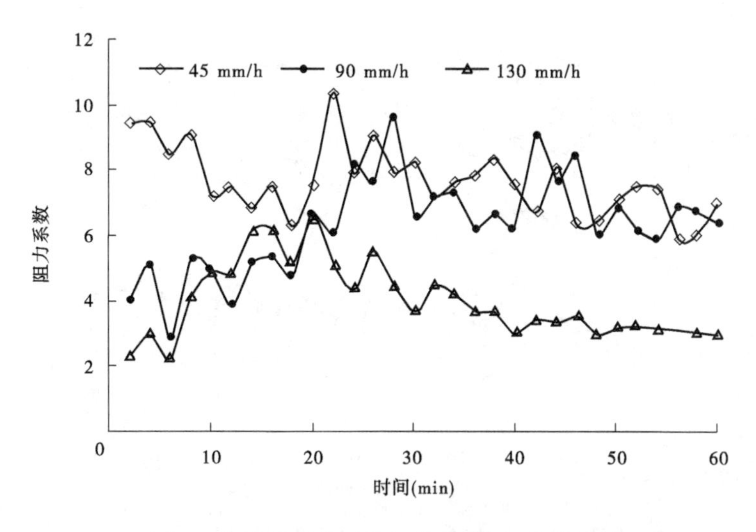

图6-11　降雨强度对灌木坡面阻力系数的影响

水流曼宁系数明显减小,变化于0.012~0.007。小降雨强度时,曼宁系数波动性较大,大降雨强度时,流速较大,沟槽形态的发展比较稳定,坡面流曼宁系数呈稳定的减小趋势。

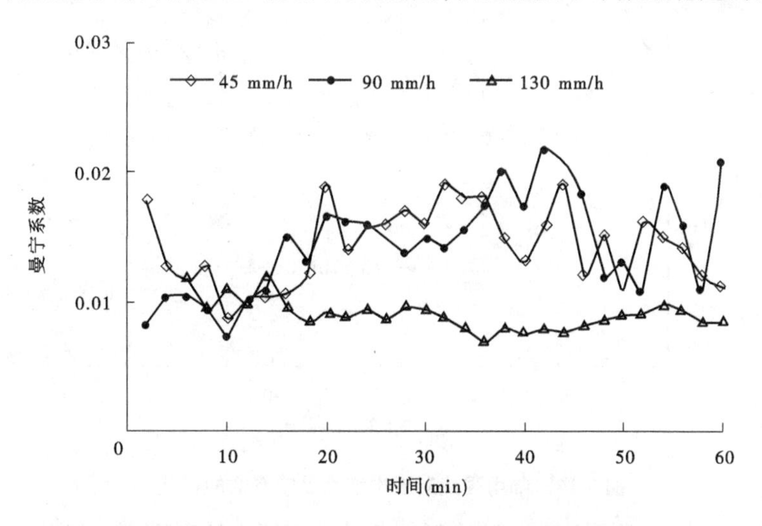

图6-12　降雨强度对裸地坡面曼宁系数的影响

草被坡面在降雨强度为45 mm/h时,曼宁系数变化于0.041~0.029;在降雨强度为90 mm/h时,曼宁系数变化于0.034~0.023;在降雨强度为130 mm/h时,曼宁系数变化于0.019~0.011。灌木坡面在降雨强度为45 mm/h时,曼宁系数变化于0.022~0.017;在降雨强度为90 mm/h时,曼宁系数变化于0.025~0.015;在降雨强度为130 mm/h时,曼宁系数变化于0.022~0.014。因此,灌木坡面曼宁系数变化复杂,曼宁系数的变化过程为先减小再增大的趋势,大降雨强度时,曼宁系数呈波动下降的趋势。

阻力系数随降雨强度的变化趋势是由降雨强度增加而引起的相对糙率变化与侵蚀形态的变化消涨对比所致。降雨强度的增加意味着水深增大,将使相对糙率变小。然而,降雨强度增大也意味着侵蚀强度增大,又将使细沟形态复杂化。在试验条件下,对于裸地坡

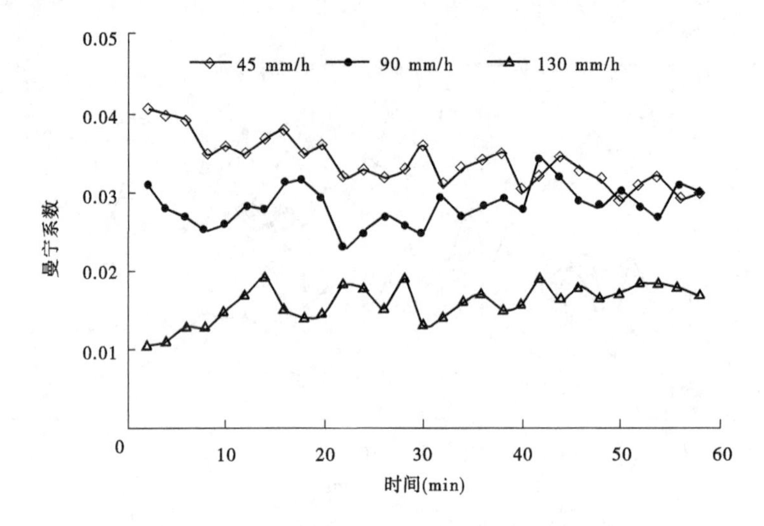

图 6-13　降雨强度对草地坡面曼宁系数的影响

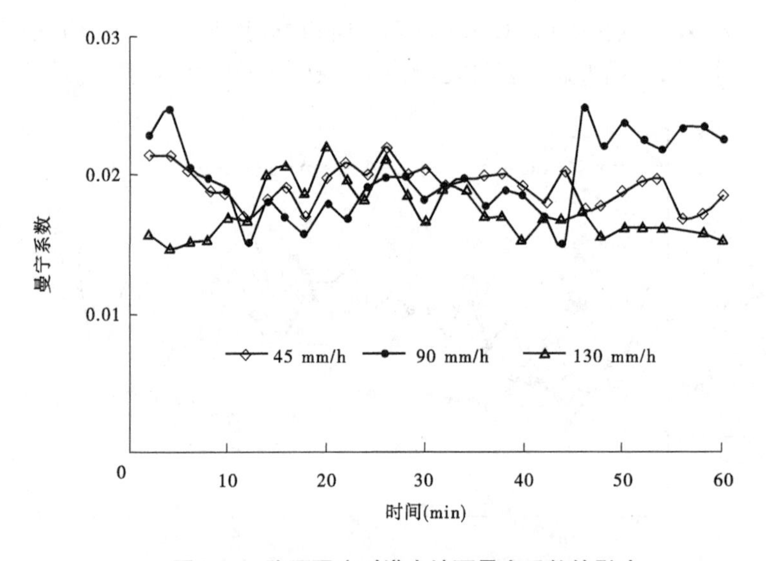

图 6-14　降雨强度对灌木坡面曼宁系数的影响

面,降雨强度较小时,降雨强度由小变大时引起的糙率减小的程度相对于形态变化引起的增大程度要大。因此,曼宁糙率系数随降雨强度的增大而变小。但是,降雨强度增大引起细沟侵蚀加剧,细沟断面形态复杂,在床面形成许多陡坎。同时,由于流速增大后,表面形成的菱形波对流态的干扰程度也会增加,使水流本身的扰动增强。所有这些都又使水流阻力作用增加。因此,曼宁糙率系数随降雨强度的变化呈复杂的变化趋势。

6.3　不同被覆坡面阻力系数的定量确定

不同被覆条件下坡面流阻力系数受到降雨强度、坡度、被覆度、水流速度、径流水深、地表糙度等因子的影响,可将其表示为

$$f = \varphi(P,\theta,C,V,H,R) \tag{6-3}$$

式中:f为阻力系数;P为降雨量;θ为坡度;C为被覆度;V为水流速度;H为径流水深;R为地表糙度。

试验条件下坡度为恒定值,根据试验数据逐步回归分析,可得到以下复合非线性的阻力系数计算公式(见表 6-4)。

表 6-4　不同被覆坡面 Darcy – Weisbach 阻力系数计算公式

下垫面条件	回归方程	相关系数
裸地	$f = 10^{-3.1}P^{-6.8}V^{-1.1}H^{0.51}R^{-13.35}$	0.86
草地	$f = 10^{4.1}P^{-1.12}V^{-0.22}H^{0.0005}R^{0.875}C^{1.14}$	0.93
灌木地	$f = 10^{2.94}P^{-0.69}V^{-0.31}H^{0.05}R^{1.002}C^{1.38}$	0.89

由表 6-4 回归方程可以看出,阻力系数与径流水深 H 、地表糙度 R 和被覆度 C 呈正相关,与降雨量 P 、流速 V 呈负相关。式中各变量系数绝对值的大小可以反映其变化对阻力系数贡献率的大小。比较各变量系数可以看出,对于草地和灌木坡面,被覆度对阻力系数的贡献率最大,地表糙度贡献率次之,径流水深的贡献率最小。对于裸地坡面,地表糙度的贡献率最大,降雨量的贡献率次之,径流水深的贡献率最小。这也说明,植被坡面覆盖度是阻延径流的主导因子,降雨量是径流发生的主要动力,也是影响坡面阻力系数的重要因素。

表 6-5 为不同被覆坡面曼宁系数计算公式,由表 6-5 可以看出,曼宁系数也与径流水深、地表糙度和被覆度呈正相关,与降雨量、流速呈负相关。式中各变量系数绝对值的大小可以反映其变化对阻力系数贡献率的大小。比较各变量系数可以看出,对于裸地坡面,降雨强度的贡献率最大,地表糙度的贡献率次之,径流水深的贡献率最小。对于草地坡面,地表糙度对阻力系数的贡献率最大,降雨强度的贡献率次之,径流水深的贡献率最小。对于灌木坡面,被覆度对阻力系数的贡献率最大,降雨强度的贡献率次之,径流水深的贡献率最小。这也说明,植被坡面地表糙度和覆盖度是阻延径流的主导因子,降雨强度是径流发生的主要动力,也是影响坡面阻力系数的重要因素。

表 6-5　不同被覆坡面曼宁系数计算公式

下垫面条件	回归方程	相关系数
裸地	$n = 10^{-2.96}P^{-13.3}V^{-0.13}H^{0.021}R^{-10.51}$	0.78
草地	$n = 10^{-2.05}P^{-7.17}V^{-0.27}H^{0.24}R^{7.41}C^{0.44}$	0.93
灌木地	$n = 10^{-2.45}P^{-0.57}V^{-0.37}H^{0.17}R^{-0.15}C^{0.64}$	0.86

6.4　基于支持向量机(SVM)的坡面流阻力系数模型

支持向量机(Support Vector Machine, SVM)是 Cortes 和 Vapnik 于 1995 年提出的一种基于统计机器学习理论的数据分类方法,在解决小样本、非线性、高维模式识别等问题方面具有独特优势。

6.4.1　SVM 建模

SVM 以结构风险最小原理为基础,根据有限的样本信息在模型的复杂性(对特定训练样本的学习精度)与学习能力(无错误识别任意样本的能力)之间寻求最佳折中,以期获得最好的泛化能力。SVM 模型的思路是通过某种事先选择的非线性映射(核函数)将输入向量映射到一个高维特征空间,在这个空间中寻找最优分类超平面,使得它能够尽可能多地将两类数据点正确分开,同时使分开的两类数据点距离分类面最远。其具体做法是构造一个约束条件下的优化问题,具体说是一个带线性不等式约束条件的二次规划问题,通过求解该问题,构造分类超平面,从而得到决策函数。

支持向量机通过将复杂非线性问题转化为高维的线性问题,能够用于非线性函数的回归,选定 ε - SVR(ε - Support Vector Regression,ε - SVR)模型,对于给定的数据样本集 $\{(x_1,z_1),\cdots,(x_l,z_l)\}$,以 $x_i \in R^n$ 为输入,$z_i \in R^l$ 为目标输出,ε - SVR 模型的回归函数用下列线性方程表示

$$f(x) = w^{\mathrm{T}}x + b \tag{6-4}$$

最佳回归方程通过以下函数的最小极值求得,其优化问题的标准形式和约束条件分别为

$$\min_{w,b,\xi,\xi^*} \frac{1}{2}w^{\mathrm{T}}w + C\sum_{i=1}^{l}\xi_i + C\sum_{i=1}^{l}\xi_i^* \tag{6-5}$$

$$w^{\mathrm{T}}\phi(x_i) + b - z_i \leqslant \varepsilon + \xi_i,$$

$$z_i - w^{\mathrm{T}}\phi(x_i) - b \leqslant \varepsilon + \xi_i^*,$$

$$\xi_i,\xi_i^* \geqslant 0, i = 1,\cdots,l$$

式中:w^{T} 为回归函数的系数矩阵;C 为设定的惩罚因子值;ξ_i、ξ_i^* 为松弛变量的上限与下限;ε 为约束条件的参数。

依据上述理论,以模拟降雨强度、坡面流流速、坡面流水深、坡面糙率为输入,坡面流阻力系数为输出,分别建立裸地、草地、灌木地坡面流阻力系数 ε - SVR 模型。

6.4.2　模型参数寻优

由 ε - SVR 模型理论可知,模型最佳回归方程通过目标函数的最小极值求得,选择径向基函数作为向高维空间映射的核函数,因此 ε - SVR 模型包含目标函数中惩罚因子 C 和径向基函数中的参数 γ,其中 $\gamma = \dfrac{1}{2\sigma^2}$,$\sigma$ 为径向基函数的高斯宽度系数。

根据 ε - SVR 模型特点,为避免参数选择随机性对模型输出的影响,整体评价模型的逼近能力和泛化能力,选定网格搜索和交叉验证两种方法进行模型参数寻优。

网格搜索方法的基本原理是将各参数值的可行区间划分为一系列小区,顺序计算各小区对应的参数值组合、误差目标值,并逐一比较择优,从而求得该区间内的最小目标值及其对应的最优参数值,该方法能够在一定程度上保证所得搜索解为全局最优。

K 折交叉验证(K - fold Cross Validation)是将训练集样本随机均分为 K 组,其中一组

作为验证数据进行模型测试,剩余 $K-1$ 组作为模型的训练数据。每组子样本仅有一次作为验证数据,进行 K 次交叉验证,将 K 次交叉验证中的模型预测误差平均值作为衡量模型预测精度的标准,最小平均预测误差对应的模型参数即为交叉验证样本分组条件下的最优型参数。

本章将网格搜索和交叉验证相结合,设定惩罚因子 C 和约束条件参数 ε 的可行区间为$[2^{-10},2^{10}]$,搜索步长为 $2^{0.5}$,将 9 折交叉验证(训练集样本数为 81)的预测误差平均值作为模型参数的择优标准,对不同参数组合进行网格搜索,以确定 ε - SVR 模型的全局最优模型参数。裸地 ε - SVR 模型的参数寻优结果见图 6-15,图 6-16 为裸地不同赋值参数组合的预测误差等值线图,参数 C 和 γ 的最优值分别为 512、0.09,模型 MSE 为 0.03;草地 ε - SVR 模型的参数寻优结果见图 6-17,图 6-18 为草地不同赋值参数组合的预测误差等值线图,参数 C 和 γ 的最优值分别为 181.02、0.25,模型 MSE 为 0.028;灌木地 ε - SVR 模型的参数寻优结果见图 6-19,图 6-20 为灌木不同赋值参数组合的预测误差等值线图,参数 C 和 γ 的最优值分别为 0.71、22.63,模型 MSE 为 0.05。

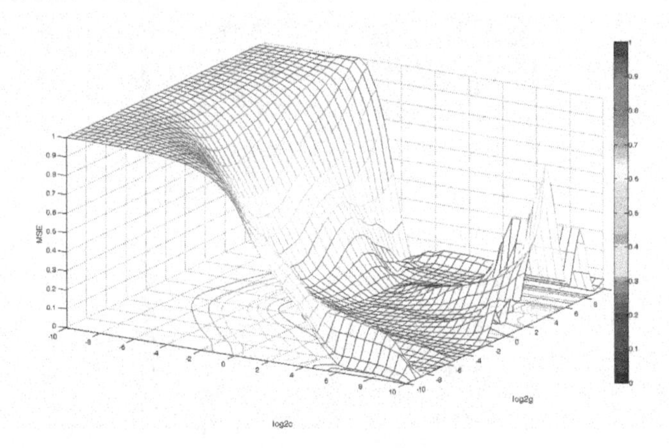

图 6-15　裸地模型参数寻优结果

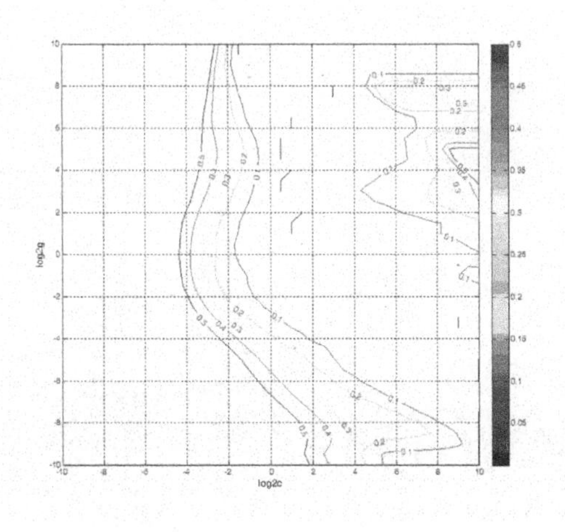

图 6-16　裸地模型误差等值线图

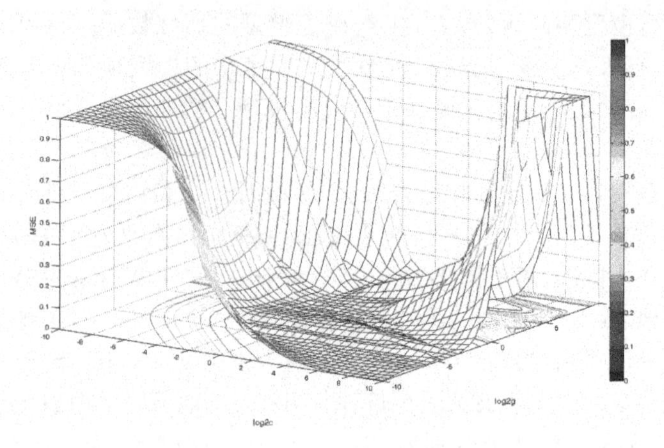

图 6-17　草地模型参数寻优结果

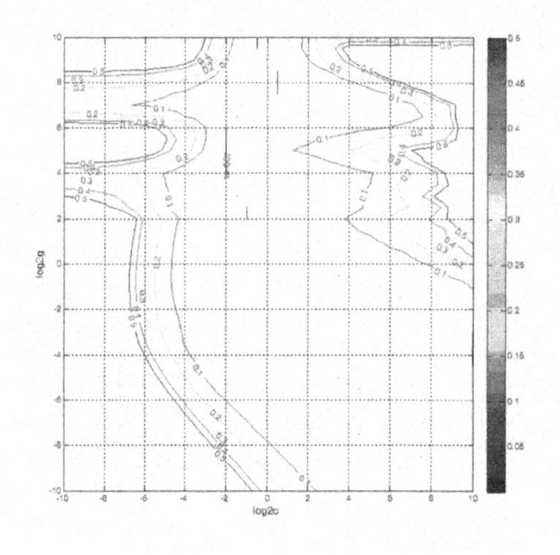

图 6-18　草地模型误差等值线图

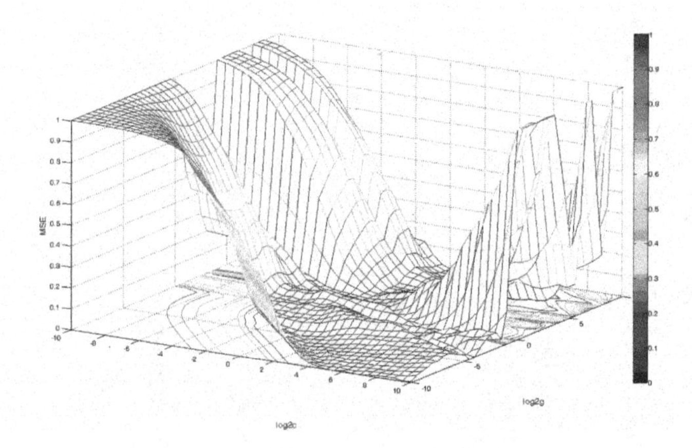

图 6-19　灌木地模型参数寻优结果

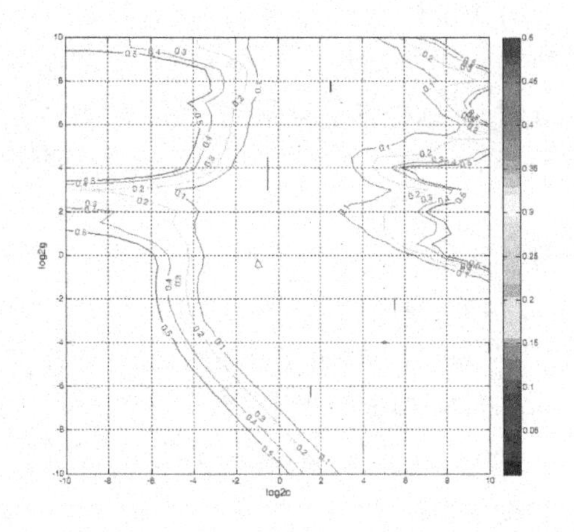

图 6-20　灌木地模型误差等值线图

6.4.3　模型拟合与分析

每场试验记录 30 组实测数据,随机抽取 3 组作为模型的测试样本,其余作为模型的训练样本,裸地、草地、灌木地各有训练样本 81 组,测试样本 9 组。以模拟降雨强度、坡面流流速、坡面流水深、坡面糙率为输入,坡面流阻力系数为输出,分别建立裸地、草地、灌木 ε - SVR 模型。

为消除输入、输出各变量的量纲与数量级差别对模型的影响,需对输入、输出矩阵进行归一化处理,使用极差归一化公式将输入、输出矩阵中的所有数据转换至区间 [-1,1]。将训练样本数据代入 ε - SVR 模型进行训练,模型拟合结果如图 6-21 ~ 图 6-23 所示。

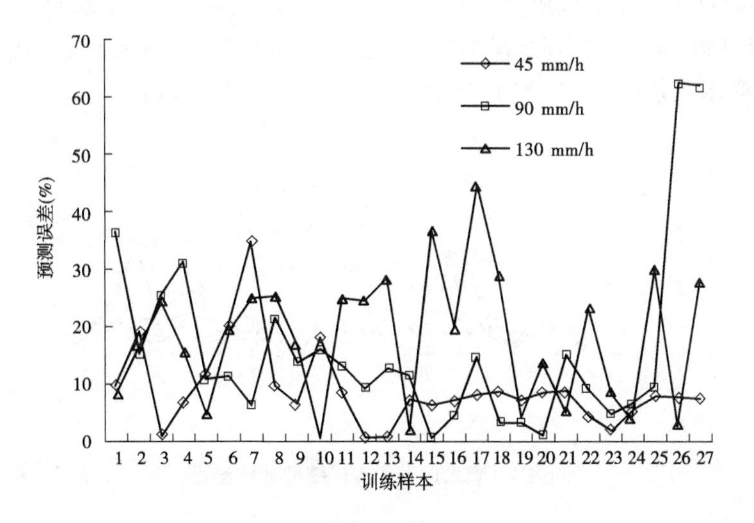

图 6-21　裸地 ε - SVR 模型训练结果

由图 6-21 知,模型对训练集的预测误差平均值为 14.31% ,模拟降雨强度为 45 mm/h

时,训练样本平均预测误差为 9.01%,最大预测误差为样本 7 的 34.73%;模拟降雨强度为 90 mm/h 时,训练样本平均预测误差为 15.99%,最大预测误差为样本 26 的 62.43%;模拟降雨强度为 130 mm/h 时,训练样本平均预测误差为 17.92%,最大预测误差为样本 17 的 44.76%。在裸地条件下,ε - SVR 模型对训练样本的预测精度随降雨强度增大而减小,大降雨强度时的侵蚀形态突变使得坡面流阻力特性的不确定性增强。

由图 6-22 知,模型对训练集的预测误差平均值为 4.68%,模拟降雨为 45 mm/h 时,训练样本平均预测误差为 3.74%,最大预测误差为样本 8 的 8.40%;模拟降雨强度为 90 mm/h 时,训练样本平均预测误差为 3.96%,最大预测误差为样本 15 的 13.29%;模拟降雨强度为 130 mm/h 时,训练样本平均预测误差为 6.35%,最大预测误差为样本 14 的 17.31%。在草地条件下,ε - SVR 模型对训练集的预测精度较高。

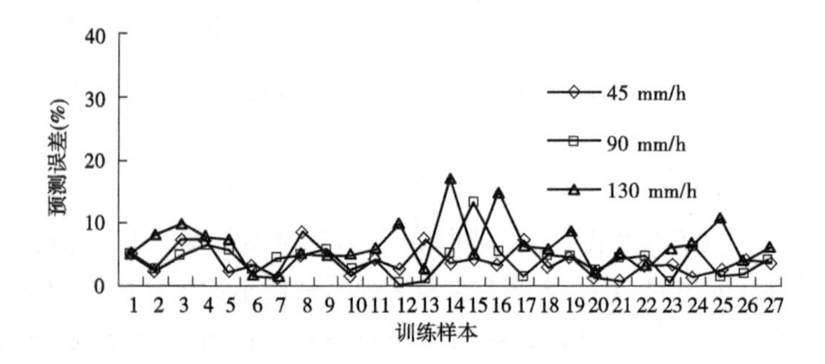

图 6-22　草地 ε - SVR 模型训练结果

由图 6-23 知,模型对训练集的预测误差平均值为 5.39%,模拟降雨强度为 45 mm/h 时,训练样本平均预测误差为 5.84%,最大预测误差为样本 24 的 20.38%;模拟降雨强度为 90 mm/h 时,训练样本平均预测误差为 5.39%,最大预测误差为样本 11 的 14.44%;模拟降雨强度为 130 mm/h 时,训练样本平均预测误差为 4.94%,最大预测误差为样本 8 的 15.91%。在灌木地条件下,ε - SVR 模型对训练集的预测精度较高。

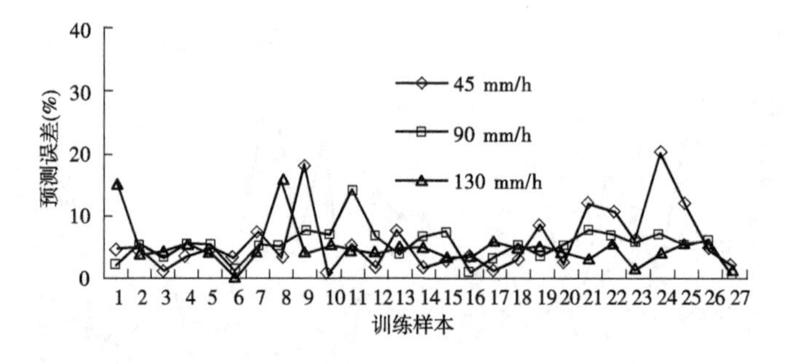

图 6-23　灌木地 ε - SVR 模型训练结果

6.4.4　模型验证与分析

使用训练所得裸地、草地、灌木地 ε - SVR 模型对测试样本的坡面流阻力系数进行预测,结果如表 6-6 ~ 表 6-8 所示。

表 6-6　裸地 ε - SVR 模型预测结果

组次	降雨强度(mm/h)	样本编号	流速(cm/s)	水深(mm)	糙率	实测值	预测值	误差(%)
1	45	7	28.14	3.5	0.5	1.26	0.87	30.68
2	45	12	37.07	10.0	0.5	2.08	1.87	9.71
3	45	17	46.15	17.0	0.5	2.27	2.08	8.61
4	90	10	36.73	10.6	1.2	2.24	2.46	9.81
5	90	13	44.30	10.6	1.2	1.54	1.35	12.58
6	90	22	35.71	15.0	1.2	3.35	3.38	0.86
7	130	10	37.07	9.8	2	1.64	1.58	3.45
8	130	12	39.03	10.6	2	1.55	1.42	8.59
9	130	24	34.93	22.0	2	1.35	1.35	0.32

由表 6-6 可知,模型对测试样本的预测误差平均值为 9.40%,模拟降雨强度为 45 mm/h 时,测试样本平均预测误差为 16.33%,最大预测误差为样本 1 的 30.68%;模拟降雨强度为 90 mm/h 时,测试样本平均预测误差为 7.75%,最大预测误差为样本 5 的 12.58%;模拟降雨强度为 130 mm/h 时,测试样本平均预测误差为 4.94%,最大预测误差为样本 8 的 8.59%。在裸地条件下,ε - SVR 模型对测试集的预测精度较高,裸地 ε - SVR 模型具有较好的泛化能力。

将裸地 ε - SVR 模型计算所得预测值与实测值进行拟合分析,其验证结果见图 6-24。由图 6-24 可知,拟合系数为 0.962,表明预测值与实测值具有较好的相关关系,模型的系统误差偏小;相关系数 R^2 为 0.936,表明预测值与实测值之间具有较好的对应关系。

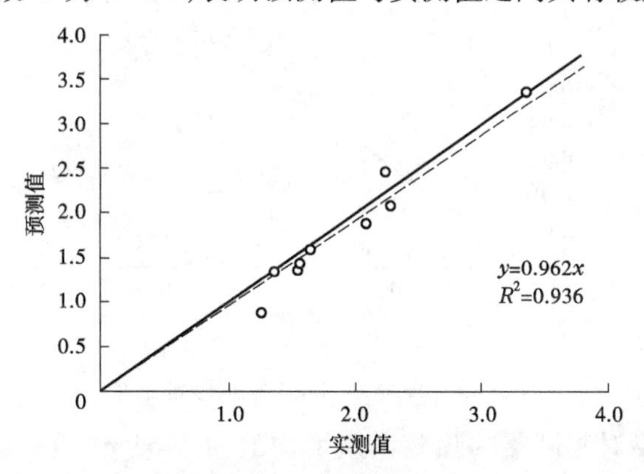

图 6-24　裸地 ε - SVR 模型验证结果

由表 6-7 可知,模型对测试集的预测误差平均值为 7.35%,模拟降雨强度为 45 mm/h 时,测试样本平均预测误差为 4.25%,最大预测误差为样本 17 的 4.87%;模拟降雨强度为90 mm/h时,测试样本平均预测误差为7.83%,最大预测误差为样本16的17.64%;模拟降雨强度为130 mm/h时,测试样本平均预测误差为9.98%,最大预测误差为样本17的16.84%。在草地条件下,ε－SVR模型对测试集的预测精度较高,草地ε－SVR模型具有较好的泛化能力。

表6-7　草地ε－SVR模型预测结果

组次	降雨强度(mm/h)	样本编号	流速(cm/s)	水深(mm)	糙率	覆盖度	实测值	预测值	误差(%)
1	45	4	2.49	0.5	0.1	0.5	18.30	17.59	3.86
2	45	11	3.58	0.5	0.1	0.5	16.00	15.22	4.87
3	45	21	3.38	0.8	0.1	0.5	15.60	16.23	4.02
4	90	8	6.38	2	0.2	0.63	12.70	12.70	0.02
5	90	16	6.70	2.8	0.2	0.63	10.40	12.23	17.64
6	90	26	6.28	2.6	0.2	0.63	12.90	12.15	5.81
7	130	17	7.51	3	0.3	0.9	9.62	11.24	16.84
8	130	20	7.72	3.1	0.3	0.9	10.98	11.11	1.20
9	130	30	9.25	3.9	0.3	0.9	8.56	9.58	11.91

将草地ε－SVR模型计算所得预测值与实测值进行拟合分析,其验证结果见图6-25。由图6-25知,拟合系数为1.012,表明预测值与实测值具有较好的相关关系,模型的系统误差偏大;相关系数R^2为0.842,表明预测值与实测值之间具有较好的对应关系。

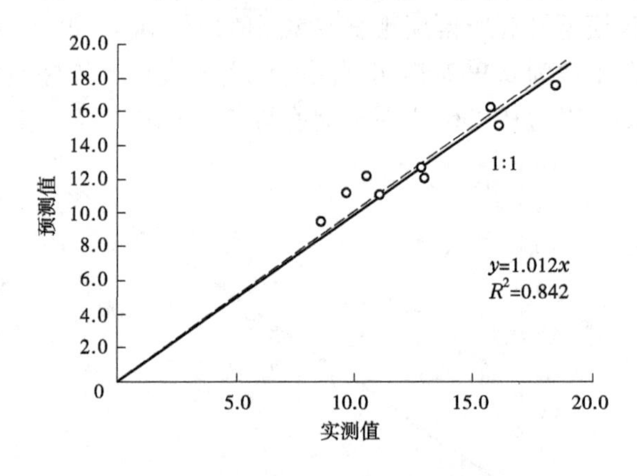

图6-25　草地ε－SVR模型验证结果

由表6-8知,模型对测试集的预测误差平均值为4.64%,模拟降雨强度为45 mm/h时,测试样本平均预测误差为3.29%,最大预测误差为样本28的8.93%;模拟降雨强度为90 mm/h时,测试样本平均预测误差为5.55%,最大预测误差为样本4的16.07%;模拟降雨强度为130 mm/h时,测试样本平均预测误差为5.08%,最大预测误差为样本22的12.66%。在灌木地条件下,ε－SVR模型对测试集的预测精度较高,灌木地ε－SVR

模型具有较好的泛化能力。

表 6-8　灌木地 ε - SVR 模型预测结果

组次	降雨强度(mm/h)	样本序号	流速(cm/s)	水深(mm)	糙率	覆盖度	实测值	预测值	误差(%)
1	45	17	5.48	0.8	0.2	0.5	1.26	7.64	0.43
2	45	19	4.90	0.7	0.2	0.5	2.08	8.28	0.51
3	45	28	5.81	0.7	0.2	0.5	2.27	7.19	8.93
4	90	1	6.52	0.6	0.4	0.5	2.24	9.60	0.04
5	90	4	7.70	1.1	0.4	0.63	1.54	9.52	16.07
6	90	17	11.56	3.4	0.4	0.63	3.35	7.22	0.55
7	130	12	13.00	2.6	0.8	0.9	1.64	10.60	0.07
8	130	22	17.00	3.4	0.8	0.9	1.55	9.92	12.66
9	130	30	9.25	3.2	0.8	0.9	1.35	9.59	2.52

将灌木地 ε - SVR 模型计算所得预测值与实测值进行拟合分析，其验证结果见图 6-26。由图 6-26 可知，拟合系数为 1.017，表明预测值与实测值具有较好的相关关系，模型的系统误差偏大；相关系数 R^2 为 0.743，表明预测值与实测值之间具有较好的对应关系。

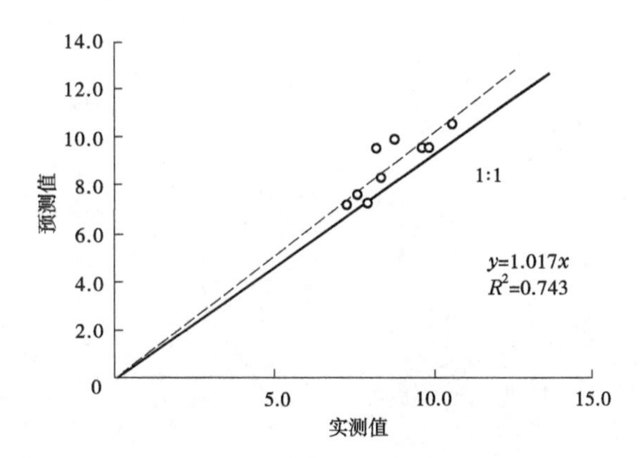

图 6-26　灌木地 ε - SVR 模型验证结果

6.5　小　结

利用人工模拟降雨试验，定量研究了在 45 mm/h、90 mm/h 和 130 mm/h 降雨强度下 20°陡坡面裸地、草地和灌木地的坡面流阻力变化特征。结论如下：

(1) 植被坡面相对裸地坡面，其糙率增加使得水流流速明显降低，导致坡面流阻力增大。在降雨强度为 45 mm/h 和 90 mm/h 时，裸地坡面流阻力系数呈波动增加的趋势，草被和灌木坡面流阻力系数变化趋势平稳。在降雨强度为 130 mm/h 时,裸地坡面细沟形成后,坡面流阻力系数明显减小并趋于稳定,草被和灌木坡面伴随跌坎和断续细沟的出现使得水流流阻力呈波动的减小趋势。

(2)草被和灌木坡面流阻力系数分别是裸地坡面的 5.58 ~7.45 倍和 5.61 ~6.26 倍,草被和灌木坡面曼宁系数分别是裸地坡面的 1.63 ~1.92 倍和 1.10 ~1.85 倍。在低强度降雨条件下,草被对径流的阻滞影响大于灌木,而在高强度降雨条件下,灌木的阻延作用大于草被。坡面流阻力系数变化特征受到了降雨强度和下垫面条件发育形态的共同影响。

(3)复合非线性坡面阻力系数计算公式表明植被覆盖度和降雨强度对坡面流阻力大小起着决定性的影响。基于 SVM 的坡面流阻力系数模型预测值与计算值具有较好的拟合关系,建立的坡面流阻力系数模型具有一定的通用性。

第 7 章　植被坡面水动力学参数特征

7.1　不同被覆条件下坡面水流水力学参数特征

在降雨的水动力作用下，不同被覆条件下坡面产流产沙入渗特性不断发生变化，从而坡面水流的水动力学参数在侵蚀过程中也不断发生变化，研究坡面水流水动力学参数的变化规律对于描述坡面侵蚀的发生发展过程有一定的理论意义。降雨产生的径流具有能量，会对坡面土壤产生剥离、输移和沉积作用，伴随此作用的是径流水力学要素。在降雨和径流侵蚀力的作用下，随着降雨时间的延续，坡面侵蚀形态不断发生变化，从而使坡面水流的水力学特性在侵蚀过程中也不断发生变化。不同被覆条件下坡面侵蚀过程中，水流水力学参数及其流态变化将对侵蚀过程产生重要影响。径流深、过水断面宽、径流平均流速、雷诺数、弗劳德数及阻力系数等水力要素是反映水流动力学特征的主要指标，其中过水断面宽和径流平均流速是最基本的两个要素，可以通过在试验过程进行测量得到，雷诺数 Re、弗劳德数 Fr 及阻力系数 f 等其他指标均可以应用相应的明渠水力学公式通过这两个指标进行计算。通过对径流雷诺数和弗劳德数的计算，可以知道径流是层流还是紊流，是急流还是缓流。一般来说，急流、紊流由于径流本身的紊动作用强，对坡面的剥蚀能力和对土粒的输移能力都较强，故侵蚀力强。缓流、层流则相反。因此，通过了解坡面径流的水力学参数变化特征可以在一定程度上了解坡面土壤侵蚀状况。

雷诺数 Re 是水流运动状况（流态）的重要判据，反映了径流惯性力和黏滞力的比值。其中，惯性力起着扰动水体并使其脱离规则运动的作用；而黏滞力则起着削弱、阻滞这种扰动并使水体保持规则运动的作用。因此，惯性力愈大，黏滞力愈小，则层流愈容易失去其稳定性而称为紊流。反之，水流愈容易保持其层流状态。利用雷诺数可以判定水流是层流还是紊流。如果 $Re<500$，则水流为层流；如果 $Re>500$，则水流处于紊流状态。其表达式为

$$Re = \frac{VR}{\nu} \tag{7-1}$$

式中：V 为流速，cm/s；R 为水力半径，cm，$R=A/P$，A 为过水断面面积，cm^2，P 为湿周，cm；ν 为水流的运动黏滞性系数，主要与水温有关，可用下列经验公式计算：

$$\nu = 0.01775/(1 + 0.0337t + 0.000221t^2) \tag{7-2}$$

式中：ν 为水流的运动黏滞性系数，cm^2/s；t 为水温，℃。

弗劳德数 Fr 反映了水流的惯性力与重力之比，是判别急流与缓流的参数。如果 $Fr>1$，水流为急流；如果 $Fr<1$，水流为缓流。其表达式为

$$Fr = \frac{V}{\sqrt{gh}} \tag{7-3}$$

式中:V 为断面平均流速;h 为平均径流深;g 为重力加速度。

阻力系数 f 是径流向下运动过程中受到的来自水土界面的阻滞水流运动力的总称,其表达式为

$$f = \frac{8gRJ}{V^2} \tag{7-4}$$

式中:f 为 Darcy-Weisbach 阻力系数;g 为重力加速度,980 cm/s^2;R 为水力半径,cm;J 为水面能坡;V 为水流平均流速,cm/s。

表 7-1~表 7-3 为 130 mm/h 降雨强度不同下垫面条件下的坡面水流水力学参数特征,裸地的坡面流速和径流深明显大于 60%覆盖度的草地坡面和灌木地坡面,裸地坡面流速波动较大,而草地坡面和灌木地坡面流动趋于稳定的变化趋势。裸地坡面流速变化范围为 15.36~46.15 cm/s;平均坡面流速为 37.2 cm/s;草地坡面流速变化范围为 6.05~9.46 cm/s,平均坡面流速为 8.10 cm/s;灌木地坡面流速变化范围为 5.53~9.16 cm/s,平均坡面流速为 7.80 cm/s。由泥沙运动力学理论中水流挟沙力公式 $S=K(V^3/\omega gR)^m$ 可知,坡面水流挟沙力与流速的立方成正比,流速的增大意味着坡面泥沙搬运能力的增大。第 3 章的分析结果也表明,裸地的坡面产沙量远远大于草地和灌木地的坡面产沙量,是有植被覆盖措施坡面产沙量的上百倍。

表 7-1 裸地坡面水流水力学参数特征(130 mm/h)

降雨历时(min)	V(cm/s)	R(cm)	Re	Fr	f
2	15.36	0.07	101	0.85	1.84
4	17.68	0.10	166	0.91	1.91
6	19.60	0.11	203	0.99	1.81
8	22.60	0.16	340	0.97	1.89
10	26.90	0.26	661	1.15	1.92
12	28.50	0.67	1 805	1.13	2.35
14	27.40	0.75	1 943	0.98	2.85
16	29.96	0.89	2 515	1.11	2.82
18	36.00	0.81	2 760	1.38	1.78
20	38.10	0.83	3 002	1.36	1.64
22	41.20	0.83	3 231	1.33	1.39
24	39.07	0.83	3 073	1.26	1.55
26	43.01	0.81	3 286	1.40	1.25
28	39.03	0.87	3 216	1.21	1.63
30	37.59	0.81	2 893	1.21	1.64
32	46.15	0.84	3 660	1.47	1.12
34	42.00	0.79	3 142	1.37	1.28

续表 7-1

降雨历时(min)	V(cm/s)	R(cm)	Re	Fr	f
36	37.00	0.80	2 799	1.13	1.67
38	41.30	0.81	3 163	1.25	1.35
40	44.90	0.91	3 863	1.34	1.29
42	39.60	0.93	3 482	1.19	1.69
44	38.40	0.86	3 122	1.09	1.66
46	39.40	0.95	3 539	1.15	1.75
48	45.20	0.97	4 145	1.27	1.35
50	43.20	0.89	3 627	1.16	1.36
52	44.60	0.84	3 542	1.22	1.20
54	43.12	0.91	3 710	1.21	1.40
56	44.60	0.84	3 542	1.26	1.20
58	42.53	0.87	3 498	1.26	1.37
60	43.61	0.98	4 041	1.28	1.47
平均	37.20	0.73	2 735	1.22	1.64

表 7-2　草地坡面水流水力学参数特征(130 mm/h)

降雨历时(min)	V(cm/s)	R(cm)	Re	Fr	f
2	6.05	0.10	57	0.61	7.77
4	6.97	0.11	72	0.59	6.46
6	7.60	0.18	129	0.57	8.85
8	8.23	0.16	124	0.66	6.71
10	7.63	0.21	151	0.53	10.24
12	8.37	0.24	189	0.55	9.72
14	8.39	0.22	174	0.56	8.92
16	7.55	0.23	164	0.50	11.52
18	9.01	0.23	195	0.59	8.02
20	8.61	0.23	187	0.59	8.86
22	8.74	0.24	197	0.61	8.91
24	7.80	0.21	155	0.53	9.84
26	8.19	0.22	117	0.50	8.94
28	9.46	0.24	215	0.63	7.65

续表 7-2

降雨历时(min)	V(cm/s)	R(cm)	Re	Fr	f
30	7.23	0.23	157	0.50	12.56
32	7.52	0.21	148	0.54	10.54
34	7.67	0.22	159	0.48	10.62
36	7.51	0.27	190	0.43	13.57
38	7.20	0.20	135	0.42	10.96
40	7.67	0.31	223	0.43	14.92
42	7.72	0.32	232	0.44	15.20
44	7.82	0.31	227	0.45	14.35
46	7.85	0.28	208	0.47	12.97
48	7.90	0.27	202	0.49	12.33
50	8.96	0.26	219	0.52	9.18
52	8.84	0.30	251	0.50	10.96
54	8.74	0.35	287	0.47	12.97
56	9.07	0.39	335	0.47	13.51
58	9.59	0.41	368	0.48	12.58
60	6.05	0.40	339	0.46	14.19
平均	8.10	0.24	193	0.52	10.50

表 7-3　灌木地坡面水流水力学参数特征(130 mm/h)

降雨历时(min)	V(cm/s)	R(cm)	Re	Fr	f
2	5.53	0.11	56	0.41	14.23
4	5.63	0.12	64	0.39	13.06
6	5.75	0.13	71	0.41	11.20
8	6.62	0.15	94	0.47	13.15
10	6.59	0.17	106	0.46	11.18
12	6.81	0.19	122	0.47	11.69
14	7.34	0.21	146	0.51	11.13
16	6.37	0.22	132	0.44	15.49
18	7.24	0.23	157	0.50	12.52
20	7.80	0.19	140	0.53	8.91
22	7.67	0.21	152	0.52	10.18

续表 7-3

降雨历时(min)	V(cm/s)	R(cm)	Re	Fr	f
24	7.52	0.21	149	0.51	11.12
26	7.41	0.22	154	0.50	11.42
28	7.62	0.29	209	0.52	14.23
30	7.79	0.28	206	0.52	13.15
32	7.53	0.26	185	0.50	13.06
34	7.87	0.27	201	0.52	12.43
36	8.15	0.26	200	0.54	11.17
38	8.49	0.25	201	0.57	9.90
40	8.23	0.22	171	0.54	9.26
42	8.36	0.26	205	0.54	10.62
44	8.25	0.21	164	0.54	8.81
46	8.69	0.24	197	0.57	9.07
48	9.13	0.26	224	0.58	8.91
50	9.02	0.27	230	0.58	9.47
52	9.16	0.28	242	0.59	9.52
54	9.06	0.24	206	0.56	8.34
56	9.13	0.29	250	0.56	9.92
58	8.93	0.26	220	0.55	9.30
60	8.85	0.27	226	0.54	9.84
平均	7.80	0.23	169	0.51	10.70

根据明渠均匀流的基本理论,明渠水流层流和紊流的界限雷诺数 Re 为 500,在雷诺数 500 左右则属于过渡流。裸地坡面雷诺数变化范围为 101~4 145,平均坡面径流雷诺数为 2 735;草地坡面雷诺数变化范围为 57~368,平均坡面径流雷诺数为 193;灌木地坡面雷诺数变化范围为 56~250,平均坡面径流雷诺数为 169。由此看出,草地坡面流和灌木地坡面流属于层流范畴,裸地在产流历时 8 分钟以前是层流状态,10 分钟以后坡面流速明显增大,进入紊流状态。雷诺数是水流流速和水力半径的函数,其值的增大,也就是水力侵蚀能力和搬运能力的增大,因而导致侵蚀产沙量的迅速增大。

根据河流动力学原理,由于径流深和流速的大小决定着径流泥沙搬运强度和径流剪切力,而弗劳德数 Fr 正是反映了流速和径流深的对比关系,弗劳德数越大,说明径流挟沙力越强和坡面的径流剪切力越大。裸地坡面弗劳德数变化范围为 0.85~1.47,平均坡面弗劳德数为 1.22;草地坡面弗劳德数变化范围为 0.42~0.66,平均坡面弗劳德数为 0.52;灌木地坡面弗劳德数变化范围为 0.39~0.59,平均坡面流弗劳德数为 0.51。另外,根据明渠水流的判别标准，不同被覆条件下草地和灌木地 $Fr<1$ 则属于缓流，裸地坡面 14 分钟以后坡面流速明显增大，进入急流状态。由于裸地坡面在 14 分钟以后进入了紊流急流状态，坡面在侵蚀力的作用下，坡面侵蚀沟开始发育，并较快发展，因而侵蚀产沙量急剧增加。

Darcy-Weisbach 阻力系数 f 反映了坡面流在流动过程中所受的阻力大小，阻力系数越大，说明水流克服坡面阻力所消耗的能量就越大，则用于坡面侵蚀和泥沙输移的能量就越小。从表 7-1~表 7-3 中可以看出，相对于裸地坡面，草地和灌木地坡面径流阻力系数呈减小的趋势。裸地坡面平均阻力系数为 1.64，草地坡面平均阻力系数为 10.5，灌木地坡面平均阻力系数为 10.7，草地和灌木地坡面平均阻力系数为裸地坡面平均阻力系数的 7 倍左右，由于植被覆盖措施的较大阻滞作用，草地和灌木地的坡面产沙量较裸地坡面明显减小。

7.2　不同被覆条件下坡面水流水力学参数与侵蚀产沙量的关系

裸地坡面土壤侵蚀影响因素（降雨径流、土壤、坡度、坡长、地形、土地管理等）的研究取得了丰硕的成果，不同被覆条件下植被措施覆盖度的影响也有了大量的研究成果。随着土壤侵蚀机理模型的发展，评价坡面水流水力学参数变化对坡面侵蚀产沙量的影响，对揭示土壤侵蚀的水动力学机制有一定的理论意义，也可以进行坡面水流的各种水力学参数和土壤侵蚀量的估算。

7.2.1　裸地坡面水流水力学参数与侵蚀产沙量的相关分析

坡面水流侵蚀动力的直接体现就是坡面产沙量的多少，用相关分析法对坡面水流水力学参数和坡面侵蚀产沙量进行相关分析（见表 7-4）。坡面水力学参数变化对产沙量的影响程度不同，其中水流流速 V、水力半径 R 和雷诺数 Re 与侵蚀产沙量的相关关系较好。

表 7-4　裸地坡面侵蚀产沙量（S）与水力学参数变化的相关系数

参数	S	V	R	Re	Fr	f
S	1					
V	0.81	1				
R	0.83	0.89	1			
Re	0.75	0.97	0.96	1		
Fr	0.63	0.56	0.31	0.45	1	
f	-0.48	0.05	0.48	0.22	-0.37	1

坡面侵蚀产沙量（S）与水流流速 V、水力半径 R 和雷诺数 Re 的相关分析表明，S 与 V、R 和 Re 均呈正相关（见图 7-1~图 7-3）。因此，选取水流流速 V、水力半径 R 和雷诺数 Re 作为水流水力学参数特征指标，对其与坡面侵蚀产沙量（S）的关系做进一步分析。

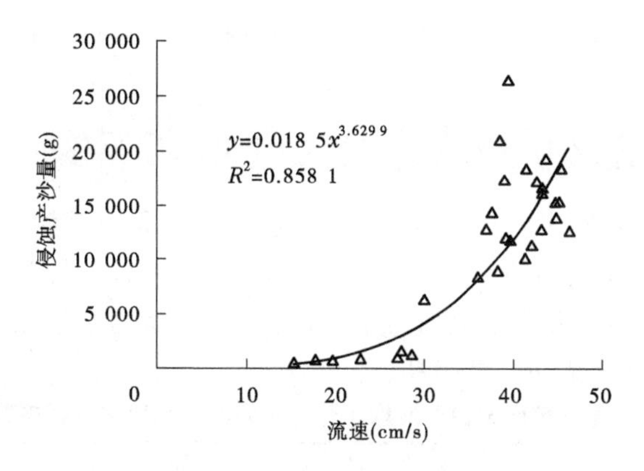

图 7-1　裸地坡面侵蚀产沙量与水流流速的关系

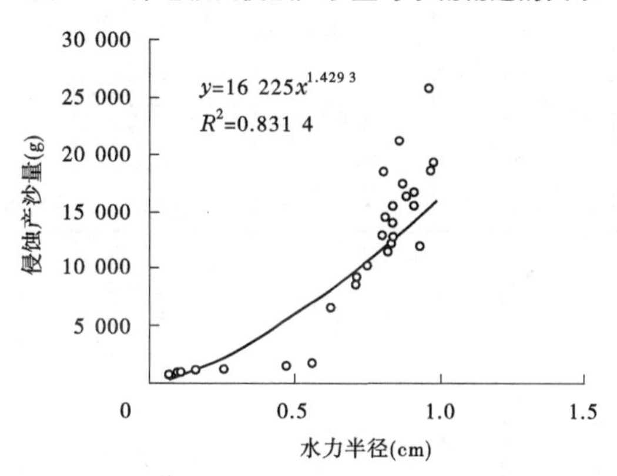

图 7-2　裸地坡面侵蚀产沙量与水流水力半径的关系

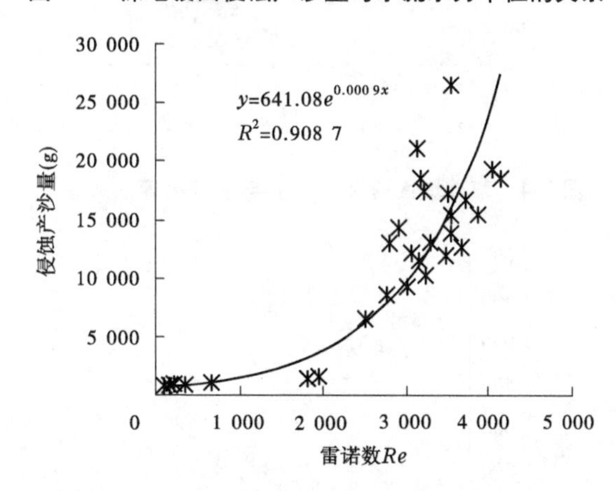

图 7-3　裸地坡面侵蚀产沙量与水流雷诺数的关系

为了判别水流水力学参数与侵蚀产沙量的关系，利用多元统计分析方法，对侵蚀产沙量 S 与坡面水流流速 V、水力半径 R 和雷诺数 Re 进行多元回归分析，其结果为

$$S = 10^{11.94} V^{3.01} R^{3.09} Re^{3.48} (R = 0.95,\ n = 30) \tag{7-5}$$

对多元回归方程进行 F 检验表明，回归方程高度显著（$F = 94.48$，$F_{0.01} = 4.02$）。从回

归方程可以看出,坡面侵蚀产沙量与流速、水力半径和雷诺数呈正相关,与前述单因子分析的结果类似。

7.2.2　草地坡面水流水力学参数与侵蚀产沙量的相关分析

草地坡面侵蚀产沙量（S）与水流流速 V、水力半径 R、阻力系数 f 的相关分析表明（见表 7-5）,S 与 V 和 R 均呈正相关（见图 7-4、图 7-5）,而与 f 呈负相关（见图 7-6）。因此,选取水流流速 V、水力半径 R 和水流阻力系数 f 作为水流水力学参数特征指标,对其与坡面侵蚀产沙量（S）的关系做进一步分析。

表 7-5　草地坡面侵蚀产沙量（S）与水力学参数变化的相关系数

参数	S	V	R	Re	Fr	f
S	1					
V	0.85	1				
R	0.69	0.63	1			
Re	0.51	0.75	0.97	1		
Fr	0.45	0.77	0.63	0.46	1	
f	−0.88	0.63	0.77	0.62	−0.89	1

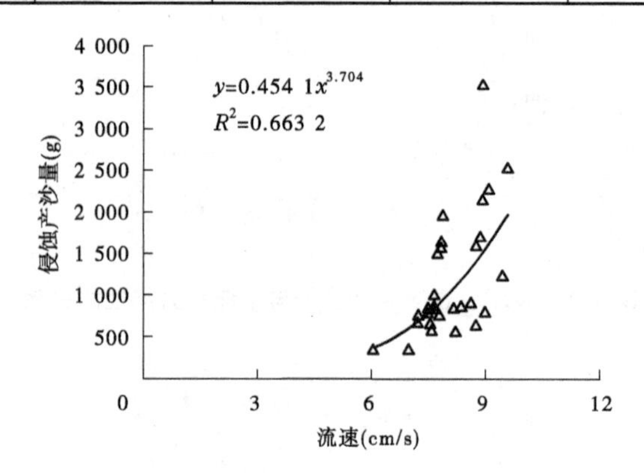

图 7-4　草地坡面侵蚀产沙量与水流流速的关系

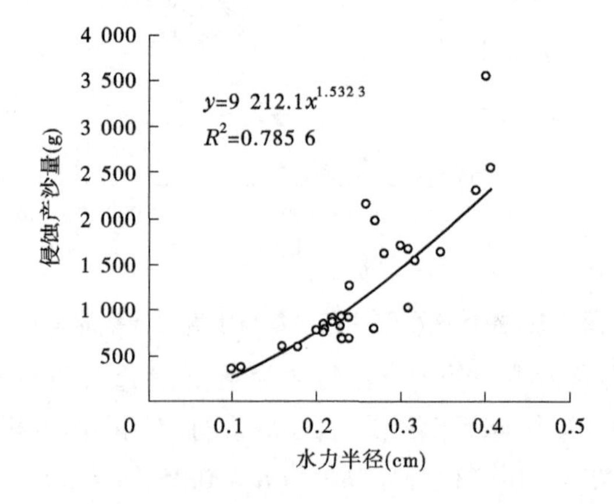

图 7-5　草地坡面侵蚀产沙量与水流水力半径的关系

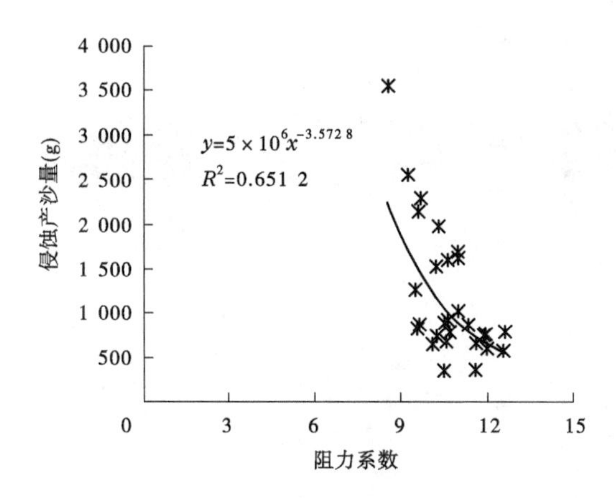

图 7-6　草地坡面侵蚀产沙量与水流阻力系数的关系

利用多元统计分析方法,对草地侵蚀产沙量 S 与坡面水流流速 V、水力半径 R 和阻力系数 f 进行多元回归分析,其结果为

$$S = 10^{33.3}V^{16.68}R^{10.01}f^{-8.71}(R = 0.89,\ n = 30) \tag{7-6}$$

对多元回归方程进行 F 检验表明,回归方程高度显著($F=35.19$,$F_{0.01}=4.02$)。从回归方程可以看出,坡面侵蚀产沙量与流速和水力半径呈正相关,与水流阻力系数 f 呈反相关。

7.2.3　灌木地坡面水流水力学参数与侵蚀产沙量的相关分析

灌木地坡面侵蚀产沙量(S)与水流流速 V、水力半径 R、阻力系数 f 的相关分析表明(见表 7-6),S 与 V 和 R 均呈正相关(见图 7-7、图 7-8),而与 f 呈负相关(见图 7-9)。

表 7-6　灌木地坡面侵蚀产沙量(S)与水力学参数变化的相关系数

参数	S	V	R	Re	Fr	f
S	1					
V	0.78	1				
R	0.79	0.82	1			
Re	0. 65	0.93	0.96	1		
Fr	0. 69	0.97	0. 68	0.91	1	
f	−0.74	0.67	0.49	0.58	−0.43	1

因此,同草地的坡面侵蚀产沙量与坡面水流水力学参数的关系一样,选取水流流速 V、水力半径 R 和水流阻力系数 f 作为水流水力学参数特征指标,对其与灌木地坡面侵蚀产沙量(S)进一步分析。

利用多元统计分析方法,对灌木地坡面侵蚀产沙量 S 与坡面水流流速 V、水力半径 R 和阻力系数 f 进行多元回归分析,其结果为

$$S = 10^{4.45}V^{0.26}R^{1.03}f^{-0.61}(R = 0.79,\ n = 30) \tag{7-7}$$

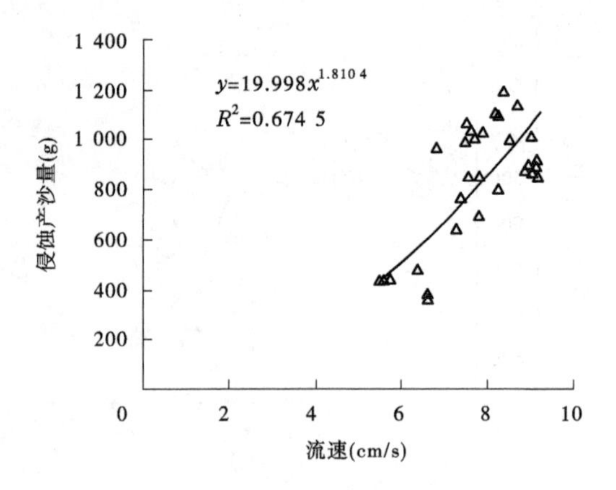

图 7-7　灌木地坡面侵蚀产沙量与水流流速的关系

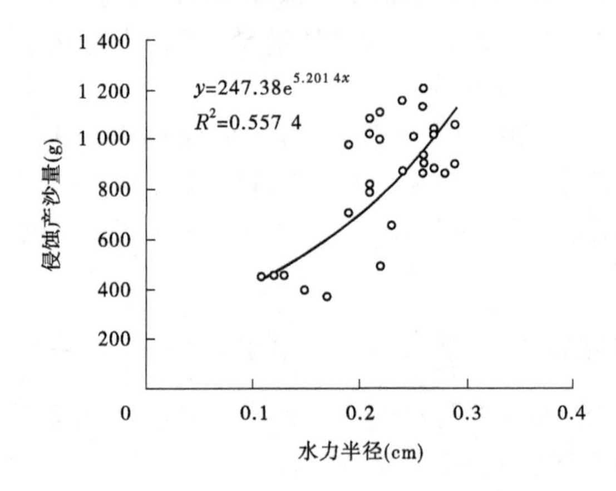

图 7-8　灌木地坡面侵蚀产沙量与水流水力半径的关系

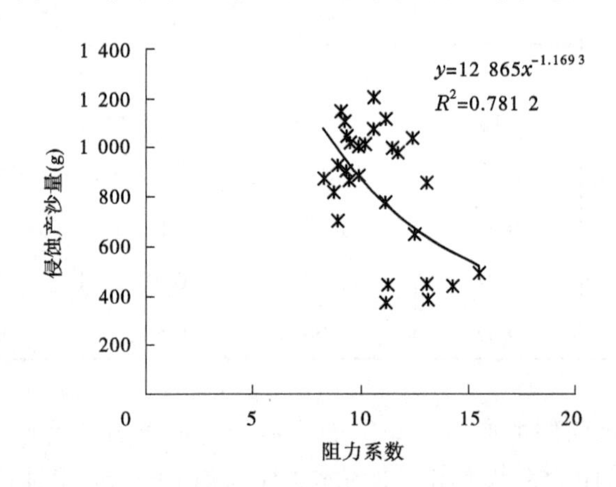

图 7-9　灌木地坡面侵蚀产沙量与水流阻力系数的关系

对多元回归方程进行 F 检验表明，回归方程高度显著（$F=15.2$，$F_{0.01}=4.02$）。从回归方程可以看出，坡面侵蚀产沙量与流速和水力半径呈正相关，与水流阻力系数 f 呈反相关，与单因子分析的结果类似。

从裸地、草地和灌木地坡面侵蚀产沙量与坡面水流水力学参数的关系分析可知，坡面产沙量与流速和水力半径有较好的相关关系。裸地坡面侵蚀产沙量与雷诺数也有很好的相关性，而草地和灌木地坡面与坡面产沙量和水流阻力系数呈负相关。因而，在同一个降雨强度作为驱动力的作用下，不同被覆条件下的坡面侵蚀产沙量的变化可以用坡面流速和水力半径推算。

7.3　植被-土壤-侵蚀互动作用的水动力学驱动机制

第 7.2 节分析了不同被覆条件下坡面侵蚀产沙量与水流水力学参数的关系，得到坡面侵蚀产沙量与降雨作用下的水动力学特性参数有较好的表达关系。因而，分析研究一个或几个能定量表达坡面产沙量的水动力学参数有一定的意义，有助于认识同一个降雨强度坡面侵蚀的驱动力。选用单位水流功率和断面单位能量进行表达坡面输沙能力，进一步揭示坡面侵蚀的水动力学机制。

7.3.1　单位水流功率

在降雨的水动力作用下，不同下垫面条件下坡面产流产沙入渗特性不断发生变化，从而坡面水流的水动力学参数在侵蚀过程中也不断发生变化，研究坡面水流水动力学参数的变化规律对于描述坡面侵蚀的发生发展过程有一定的理论意义。坡面径流输沙能力是坡面侵蚀产沙的综合体现，因为坡面流水深很小，很难用河流输沙能力公式计算，在目前还没有完善的坡面侵蚀输沙理论的条件下，只能借助于河流动力学及其理论来对坡面流的侵蚀产沙和输沙进行研究。Horton 最早把坡面流侵蚀作用与水流剪切应力联系起来进行了分析[82]。随后一系列研究表明，不同水流类型输沙特征与泥沙的性质、分离作用及规律、泥沙运动形式、径流水动力和径流剪切力等紧密相关[83-84]。Alonso 等发现 Yalin 公式比较适用于坡面漫流条件[85]，对于沟道流建议运用 Yang 方程（粗沙颗粒）、Laursen 方程（细沙颗粒）。Julien[86]也评述了一些以推移质为主的沟道流方程在坡面漫流中的应用，认为 Engelund-Hansen 方程与坡面漫流紧密相关。Guy 等[87]利用水槽试验装置和泥沙搅拌器不断注入泥沙的办法，检验了 6 个河流输沙方程在坡面漫流中的应用，结果表明，沟道流泥沙搬运方程通常不适用于坡面漫流的条件，尤其是受到雨滴击溅作用的坡面水流结果有明显差异。Govers 和 Rauws 研究了径流剪切应力和单位水流功率对坡面径流输沙的影响[88]，结果表明用剪切力应力和单位水流功率可以预测径流搬运力，建议试用单位水流功率，因为该参数容易确定。目前 EUROSEM 和 LISEM 侵蚀模型均采用 Govers 方程。

近年来，国内一些学者对输移能力的研究多集中在明渠含沙水流研究[89,90]，由于每个方程的应用有一定局限范围，在坡度陡峭和高含沙水流的黄土高原极端条件下，不同搬运方程尤其是草地集中水流作用的输沙能力的正确确定具有十分重要的意义。本书依据 Govers 和 Rauws 研究分析结果，对单位水流功率与坡面径流输沙率的关系做讨论。

杨志达最初的单位水流功率公式是应用于明渠水流的，但是 Moor 和 Burch 在 1986 年尝试直接用杨志达公式进行了坡面和细沟侵蚀率的计算[91]，试验结果表明，当土壤颗粒为分散状态和临界单位水流功率取 0.002 m/s 时，杨志达公式能够较准确地预测坡面和细沟流输沙率。杨志达[92]将单位水流功率定义为流速与坡降的乘积，即在长度为 x，总落差为 Y 的一条明渠上，单位质量的水体具备的用于输送水和泥沙的能量率为

$$\frac{dY}{dt}=\frac{dx}{dt}\frac{dY}{dx}=VS \tag{7-8}$$

式中：P 为单位水流功率，m/s；Y 为高度，m；t 为时间，s；x 为水平距离，m；V 为水流流速，m/s；S 为水力坡度。

利用试验所得数据，分析了不同降雨强度条件下的裸地、草地和灌木地坡面单位水流功率和输沙率之间的关系（见图 7-10～图 7-12），输沙率随单位水流功率的增大而增大，呈很好的线性相关关系，其表达式均为 $y=ax-b$，这在一定程度上也支持了 Govers 和 Rauws 利用单位水流功率预测输沙率的的观点。坡面径流对土壤的侵蚀过程是一个做功消耗能量的过程，具有一定的功率。根据以往大量研究，坡面流流速是流量和坡度的函数，可知单位水流功率也必然是流量和坡度的函数，在既定的试验条件下，当降雨强度增大时流量增大，输沙率也会随着增大，也即单位水流功率的增大必然引起径流输沙率的增大。

图 7-10 为裸地的坡面输沙率与单位水流功率的关系，二者可以表示为 $S=98\ 270P-358.2$（$R^2=0.79$，$n=55$），可以得出，当 $P\geqslant0.003\ 6$ m/s 时，输沙率$\geqslant0$，即 0.003 6 m/s 为试验条件下裸地的临界单位水流功率。

图 7-11 为草地的坡面输沙率与单位水流功率的关系，二者可以表示为 $S=6\ 182.9P-78.89$（$R^2=0.79$，$n=42$），可以得出，当 $P\geqslant0.012\ 7$ m/s 时，输沙率$\geqslant0$，即 0.012 7 m/s 为试验条件下苜蓿草地的临界单位水流功率。

图 7-12 为灌木地的坡面输沙率与单位水流功率的关系，二者可以表示为 $S=4\ 134.9P-70.818$（$R^2=0.72$，$n=53$），可以得出，当 $P\geqslant0.016\ 9$ m/s 时，输沙率$\geqslant0$，即 0.016 9 m/s 为试验条件下紫穗槐灌木地的临界单位水流功率。

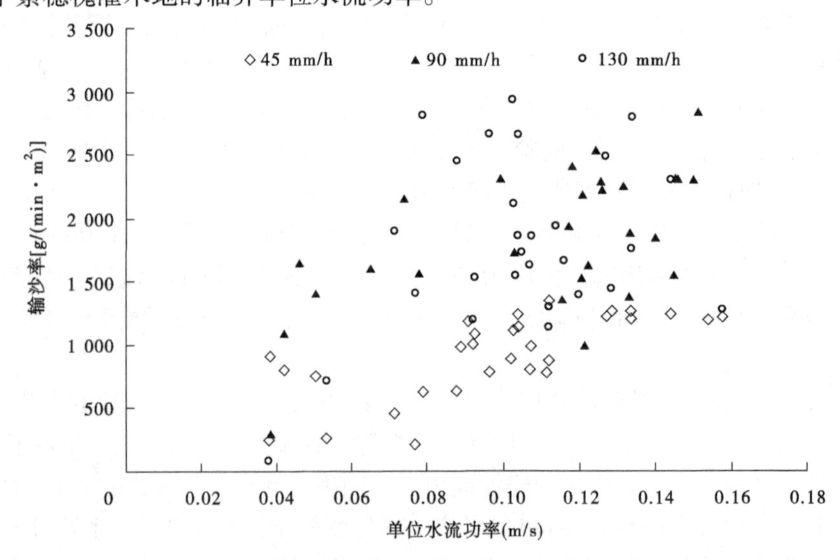

图 7-10　裸地单位水流功率与坡面输沙率的关系

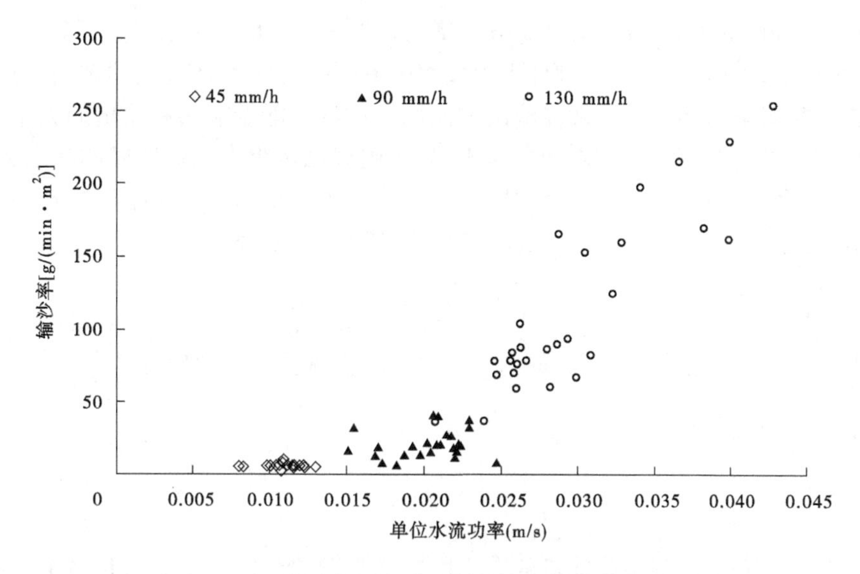

图 7-11　草地单位水流功率与坡面输沙率的关系

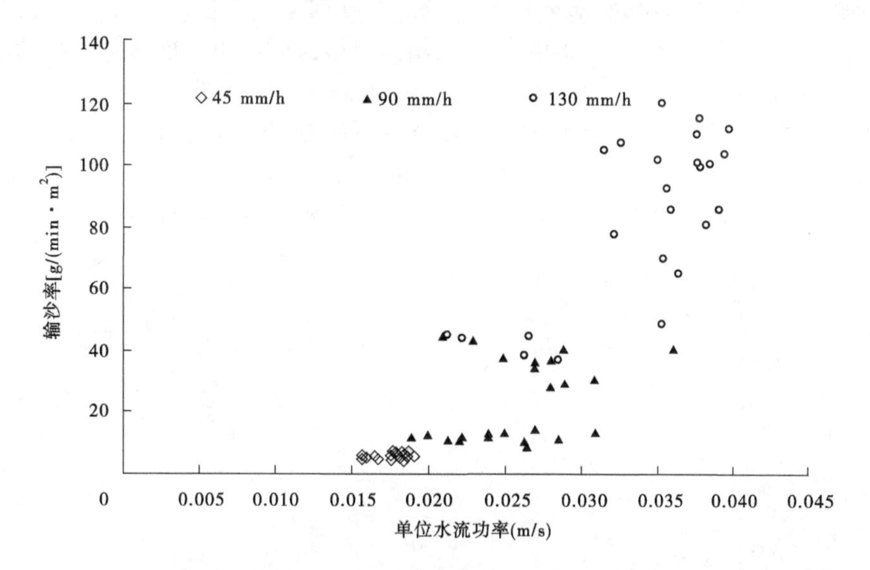

图 7-12　灌木地单位水流功率与坡面输沙率的关系

临界单位水流功率体现了不同下垫面条件下坡面土壤抗蚀性的差异性。本次试验结果表明苜蓿草地和灌木地的临界单位水流功率不仅大于裸地坡面的临界单位水流功率 0.003 6 m/s，也明显大于 Moor 和 Burch 进行坡面和细沟侵蚀率计算的临界单位水流功率 0.002 m/s，因此，苜蓿草地和灌木地的抗蚀性大于裸地坡面抵抗径流侵蚀的能力，具有很好的保持水土作用。

7.3.2　断面单位能量

除水流功率外，水流能量对土壤侵蚀也有很大影响。侵蚀过程是水流做功的过程，从物理学角度讲，做功就必然要消耗能量，土壤侵蚀过程中的能量输入主要来源于两部分，一部分是天然降雨的雨滴动能;另一部分为降雨在坡面上形成的地表径流所具有的势能。能量输出主要表现在坡面径流在顺坡下泻过程中不断冲刷分散,产生可供输移、分散的土壤颗粒,以及挟带分散后的土壤颗粒输出坡面两个过程。能量输入和输出的大小关系决定了侵蚀过程中的侵蚀量大小,它们的差值越大,则侵蚀过程中径流所做的功也越大,表现在坡面输出的泥沙量也就越大,反之则越小。过水断面单位能量是指以过水断面最低点作为基准面的单位水重的动能及势能之和[67],其表达式如下:

$$E = \frac{av^2}{2g} + h \tag{7-9}$$

式中:h 为水深;a 为动能校正系数,取为 1;v 为流速;g 为重力加速度。

利用 $v=\frac{Q}{A}$,式(7-9)可改写为

$$E = \frac{aQ^2}{2gA^2} + h \tag{7-10}$$

由式(7-10)可知,断面单位能量的大小与断面形状、尺寸、水深和流量有关。断面单位能量的物理意义是,坡面流水深等于临界水深时,断面单位能量最小;当坡面流水深大于临界水深时,断面单位能量随水深的增大而增大;反之,断面单位能量随水深的增大而减小。因此,断面单位能量是反映坡面侵蚀程度及侵蚀方式变化的重要参数之一。

利用试验所得数据,分析了不同降雨强度条件下裸地、草地和灌木地坡面断面单位能量和输沙率之间的关系(见图 7-13~图 7-15),输沙率随断面单位能量的增大而增大,呈很好的线性相关关系,其表达式也为 $y=ax-b$,表明坡面输沙率随着断面单位能量的增大而增大。

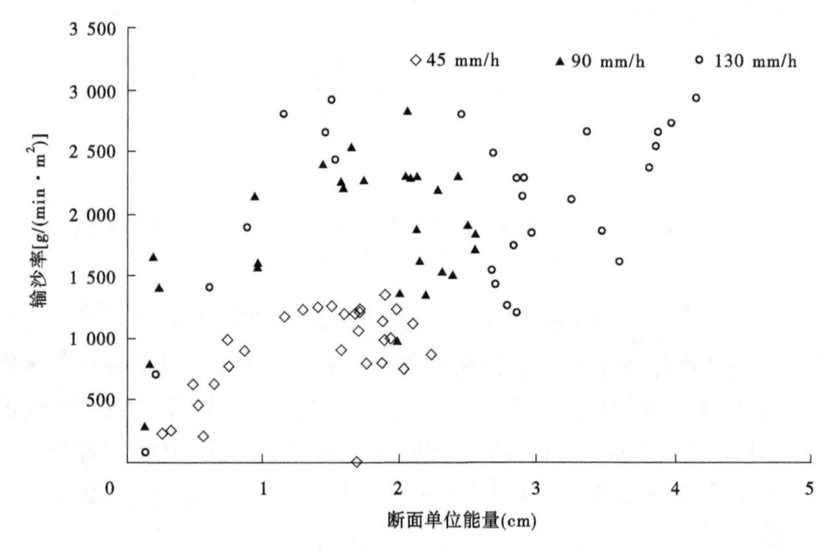

图 7-13　裸地断面单位能量与坡面输沙率的关系

图 7-13 为裸地的坡面输沙率与断面单位能量的关系,二者可以表示为 $S=1\ 045E-78.5$($R^2=0.66$,$n=85$),可以得出,当 $E\geqslant0.074$ cm 时,输沙率$\geqslant0$,即 0.074 cm 为试验条件

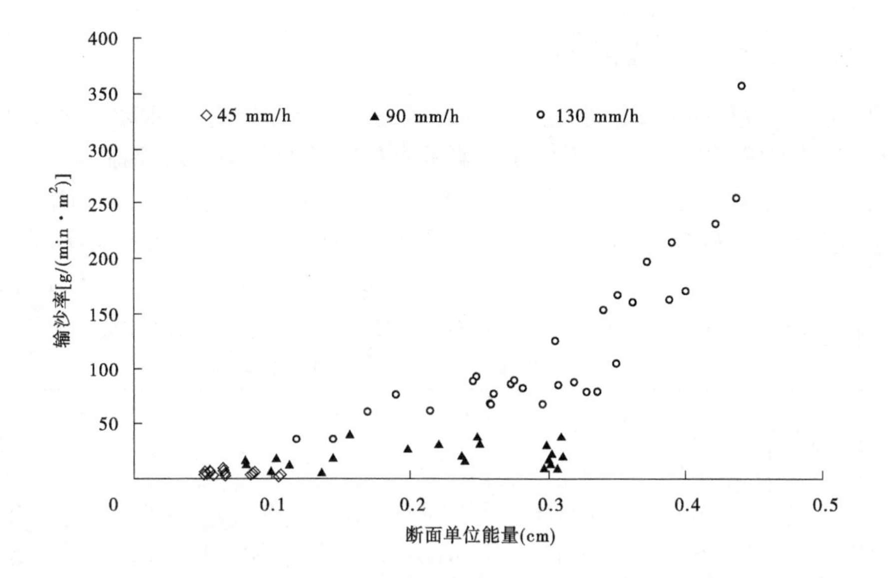

图 7-14　草地断面单位能量与坡面输沙率的关系

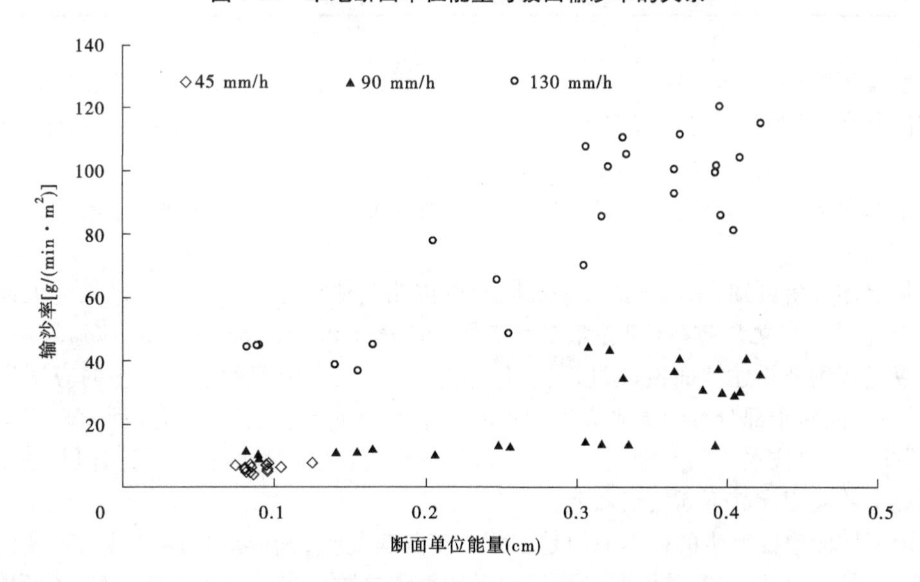

图 7-15　灌木地断面单位能量与坡面输沙率的关系

下裸地的临界断面单位能量。

图 7-14 为草地的坡面输沙率与断面单位能量的关系，二者可以表示为 $S=439.1E-48.6$($R^2=0.69$，$n=82$)，可以得出，当 $E\geqslant0.11$ cm 时，输沙率$\geqslant0$，即 0.11 cm 为试验条件下苜蓿草地的临界断面单位能量。

图 7-15 为灌木地的坡面输沙率与断面单位能量的关系，二者可以表示为 $S=189.9E-25.1$($R^2=0.71$，$n=73$)，可以得出，当 $E\geqslant0.13$ cm 时，输沙率$\geqslant0$，即 0.13 cm 为试验条件下紫穗槐灌木地的临界断面单位能量。

7.3.3　水动力学驱动参数筛选

坡面流动力侵蚀的因素错综复杂,各种因素之间不互相独立,而水动力学参数既反映了侵蚀现象的本质原因,又综合反映了各影响自然因子的复杂影响,因此临界值相对稳定,变化较小。本章研究的水动力学参数是单位水流功率 P 和过水单位断面能量 E,因为水深和流速的大小决定着坡面径流侵蚀力及其泥沙搬运强度,而 P 和 E 均反映了水深和流速的大小对比关系,有较明确的物理意义。为了比较两个水动力学参数作为坡面流动力学指标时的优劣,计算了各水动力学参数的均值、均方差及变差系数,见表 7-7。

表 7-7　坡面水流水动力学参数统计特征

统计特征	裸地		草地		灌木地	
	P(m/s)	E(cm)	P(m/s)	E(cm)	P(m/s)	E(cm)
均值 X	0.104	1.879	0.021	0.195	0.026 3	0.229
均方差 S	0.001	0.973	0.000 07	0.015	0.000 06	0.017
变差系数 C_v	0.011	0.518	0.003 3	0.077	0.002 2	0.076

由表 7-7 可以看到,两个水动力学参数的均值大小相差悬殊,均方差也很难比较相对的离散程度,因而选用变差系数来比较其指标的稳定性。从变差系数来看,不同下垫面条件下 $C_{vE}>C_{vP}$,说明过水断面能量 E 的离散程度较大。可见,坡面径流单位水流功率有相对稳定的取值。因此,试验取单位水流功率 P 作为试验条件坡面侵蚀发生的动力学驱动参数。

从上述分析可知,单位水流功率和断面单位能量从理论上都可以用来描述坡面侵蚀的动力过程。单位水流功率理论最初是应用于明渠水流的,Moor 和 Burch 的试验研究证明可以直接用来描述坡面侵蚀过程。但一方面该理论在土壤侵蚀研究中的应用实践较少,另一方面对于部分参数如临界单位水流功率等的确定及适用土壤类型尚缺乏具体研究,因此虽然单位水流功率理论可能是一种研究土壤侵蚀过程的有效理论,但其在土壤侵蚀研究中的应用尚需不断实践和完善。

由于坡面侵蚀产生的根本原因是坡面径流具有能量,断面单位能量可以对坡面侵蚀过程进行较准确的描述,从而消除由于取平均值和参数过多引起的误差,但是断面单位能量受流速测量的精确度影响较大,而且对于能量变化的具体过程没有描述,这不利于深入了解土壤剥离、泥沙输移和沉积等具体侵蚀过程。

总之,上述两种理论在土壤侵蚀研究中的应用各有优势。从本章的研究中可以看出,坡面径流单宽输沙率与单位水流功率的相关系数较好,而且单位水流功率相对于断面单位能量的离散程度较小,但是该理论还须结合水力学、泥沙运动力学等学科进行进一步完善。

第 8 章　植被增强土壤抗蚀性的力学机理

近年来,随着黄土高原退耕还林还草工程的实施,黄河中游水沙关系也发生了较大变化,植被的减蚀作用及其机理研究成为当前研究的热点。许多学者通过试验研究和定位观测对植被保土保水功效进行了大量研究,在植被减蚀作用的水动力学机理方面取得了不少的研究成果。植物措施对水土流失的防护作用,一方面是通过植被覆盖减少雨滴击溅动能和径流冲刷作用,另一方面是通过植被根系固结土壤及其增强土壤抵抗径流对土粒分散和运移的能力。至今,有关植物地上部分对水土流失防护效应的研究甚多,但涉及根系提高土壤抗侵蚀能力的力学机理分析较少。因此,根据黄土高原水土保持治理中坡面草灌先行的事实,开展草被灌木等增强土壤抗剪强度和土壤黏聚力的力学效应分析,研究对揭示坡面植被固土作用机理和科学指导生态环境建设有重要的科学意义。

8.1　野外试验区植被坡面黏聚力变化过程

8.1.1　土样力学试验方法

野外采样时,不同区域土样分别制取裸地、草被和灌木试样各 3 组,其中植被坡面各含有一段主根和若干侧根;裸地土样是选自 PVC 管旁不含任何植物根系的原状土。先将长 20 cm 的 PVC 管放入土中,分别在不同被覆坡面相同根长深度范围内(自根茎下 10~30 cm 处)进行取样。土样取好后,避免 PVC 管内土体振动,轻轻带回实验室,再将预先粘好的胶带划开,试样制取严格按照《土工试验规程》(SL 237—1999)进行(见图 8-1)。

图 8-1　力学分析土样

土力学试验在黄河水利科学研究院工程力学研究所土力学实验室进行,制取力学分析土样时,采用高度为 2 cm、直径为 6.18 cm 的环刀在 PVC 管内进行选取标准土样。试样制作过程中,小心用剪刀剪断环刀外相连的根系,将制备完成的试样放在盒内上下两块透水石之间。将制成的土样分别放置在应变控制式直剪仪上进行剪切试验。试验时，首先开启计算机土工试验数据采集处理系统，然后由杠杆系统通过加压活塞和透水石对试件分级施加 50 kPa，100 kPa，200 kPa，300 kPa 垂直压力，再通过电动手轮以 2.4 mm/min 的转速对下盒施加水平推力，使试样在上、下盒的水平接触面上产生剪切变形，直至破坏，通过量力环的变形值计算剪应力的大小，土壤的抗剪强度用土壤剪切破坏时的剪应力来度量。

8.1.2　不同被覆坡面增强土壤抗剪强度的作用

土的抗剪强度是指土体抵抗剪切破坏的能力，其本质是由于土粒之间的滑动摩擦及凹凸面的镶嵌作用产生的摩阻力，其大小决定于土粒表面的粗糙度、土的密实度及土的颗粒级配等。对于黏性土，其土体抗剪强度还包括土粒之间的黏聚力，它是由于黏性土颗粒之间的胶结作用和静电引力效应等因素引起的。土体的稳定性与土壤的黏聚力、内摩擦力有很大关系。因而，抗剪强度是一个能反映土体抗蚀、崩塌、滑坡的重要指标。

土体的抗剪强度是指土体对于荷载所产生的极限抵抗能力。在外荷载作用下，土体中将产生剪应力和剪切变形，当土中某点由外力所产生的应力达到土的抗剪强度时，土就沿着剪应力方向产生相对滑动，该点便发生剪切破坏。

土的抗剪强度库仑模型表示为

$$\tau_f = C + \sigma\tan\varphi \tag{8-1}$$

式中：τ_f 为土体的抗剪强度，kPa；σ 为剪切滑动面上的法向应力，kPa；φ 内摩擦角，(°)；C 为土的黏聚力，kPa。

土的抗剪强度受很多因素的影响，不同地区、不同成因、不同类型土的抗剪强度往往有很大的差别。即使同一种土，在不同的密度、含水量、剪切速率等条件下，抗剪强度数值也不相等。不同下垫面条件下土体抗剪强度曲线如图 8-2～图 8-4 所示，可以看到，与没有植物根系的土体相比，含有一定植物根系的土体抗剪强度显著增加。植被坡面，由于植被根系的固结作用，土体的抗剪强度明显增加，增大了抵抗径流侵蚀的能力。不同被覆坡面的土壤抗剪强度指标有一定的差异，这主要与土体的矿物成分、颗粒形状与级配等因素的变化有关。植被根系的固结力相当于在土体侧向施加了一个侧压力。加筋作用为土层提供了附加“黏聚力”ΔC，它一方面使原土体的抗剪强度向上推移了距离 ΔC，另一方面又因为限制了土体的侧向膨胀而使“侧压力”增大，从而在竖向应力不变的情况下使最大的剪应力减小。

绥德辛店沟不同下垫面条件下土体抗剪强度曲线见图 8-2。直剪试验结果如下：

裸地　$\tau_f = \sigma\tan 20.3° + 7.4$

草地　$\tau_f = \sigma\tan 22.8° + 12.2$

灌木地　$\tau_f = \sigma\tan 24.3° + 15.6$

延安燕沟不同下垫面条件下土体抗剪强度曲线见图 8-3。直剪试验结果如下：

裸地　$\tau_f = \sigma\tan 24.4° + 13.7$

草地　$\tau_f = \sigma\tan 26.6° + 14.3$

灌木地　$\tau_f = \sigma\tan 27.1° + 17.5$

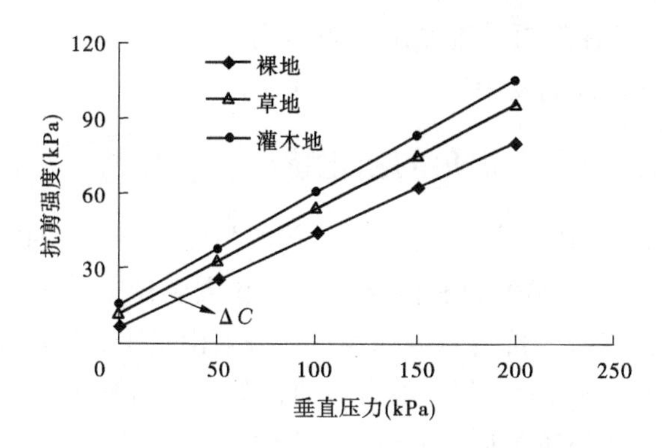

图 8-2　绥德辛店沟不同下垫面条件下土体抗剪强度曲线

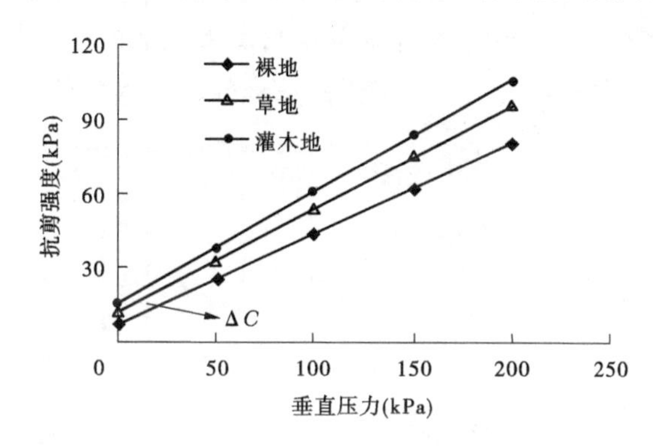

图 8-3　延安燕沟不同下垫面条件下土体抗剪强度曲线

神木六道沟不同下垫面条件下土体抗剪强度曲线见图 8-4。直剪试验结果如下：

裸地　$\tau_f=\sigma\tan24.1°+10.3$

人工草地　$\tau_f=\sigma\tan25.9°+11.8$

天然草地　$\tau_f=\sigma\tan27.7°+12.6$

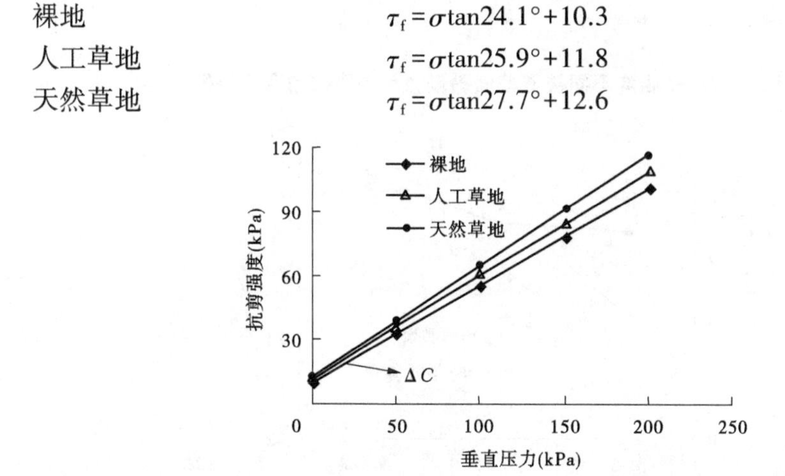

图 8-4　神木六道沟不同下垫面条件下土体抗剪强度曲线

从以上结果中可以看到，与没有植物根系的土体相比，含有一定植物根系的土体抗剪强度显著增加。土体抗剪强度是表征土体力学性质的一个主要指标，其大小直接反映了土体在外力作用下发生剪切变形破坏的难易程度。土壤抗剪强度是土壤抗蚀性的重要指标，土壤抗剪强度大，则在降雨径流冲刷力的作用下，土壤抵抗径流的剪切破坏能力也大，从而可以减缓土壤侵蚀的发生。

8.1.3 植被坡面黏聚力和摩擦角的变化特征

野外采样数据表明，植物根系主要增加了土体的黏聚力和土体的内摩擦角。从图8-5~图8-7可以看到，植被坡面的黏聚力和内摩擦角明显大于裸地坡面。土壤黏聚力是反映土壤抗蚀性的一个关键参数。抗剪强度的黏聚力一般由土中天然胶结物质对土粒的胶结作用和电分子引力等因素形成。因此，黏聚力通常与土中黏粒含量、矿物成分、含水量、土的结构等因素密切相关。绥德辛店沟和延安燕沟流域草地与灌木地的黏聚力是裸地黏聚力的1.04~2.11倍，神木六道沟流域人工草地和天然草地的黏聚力是裸地黏聚力的1.21~1.22倍。绥德辛店沟和延安燕沟流域草地与灌木地的内摩擦角是裸地内摩擦角的1.09~1.19倍，神木六道沟流域人工草地和天然草地的内摩擦角是裸地内摩擦角的1.03~1.14倍。

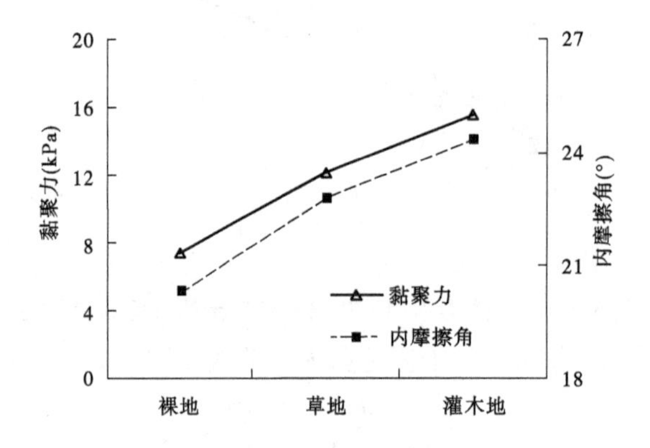

图8-5 绥德辛店沟不同被覆坡面黏聚力和内摩擦角变化特征

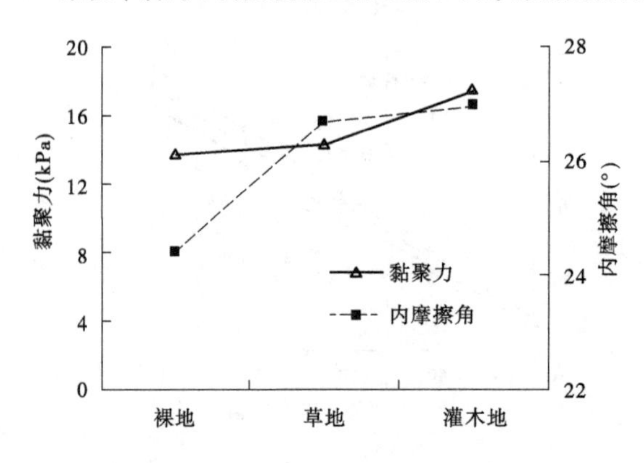

图8-6 延安燕沟不同被覆坡面黏聚力和内摩擦角变化特征

抗剪强度的摩擦力主要来自两方面：一是滑动摩擦，即剪切面土粒间表面的粗糙所产生的摩擦作用；二是粗颗粒之间相互镶嵌和连锁作用产生的咬合力。因此，抗剪强度的摩擦力除与剪切面上的法向总应力有关外，还与土的原始密度、土粒的形状、表面的粗糙程

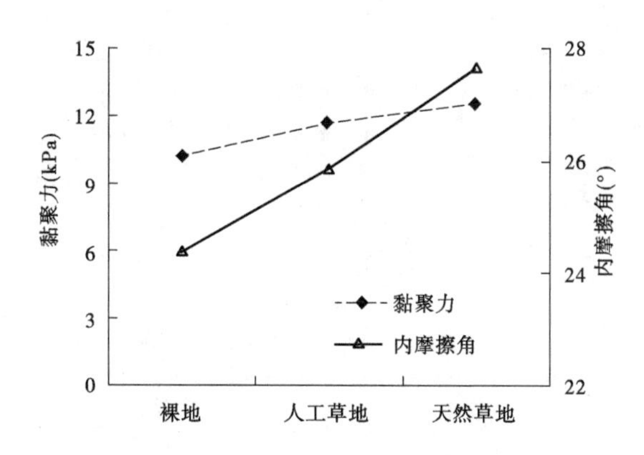

图 8-7　神木六道沟不同被覆坡面黏聚力和内摩擦角变化特征

度及级配等因素有关。植被根系土壤和裸地土壤相比，在受剪切时除了土颗粒之间的摩擦作用，还产生了根系表面与土颗粒之间的摩擦力，从而有利于提高根系土的内摩擦角。从图 8-5～图 8-7 也可以看出，植被坡面的内摩擦角大于裸地坡面的内摩擦角。

草被和灌木由于其各自的生理生态特性、根系力学特性和根系分布形态、播种密度等不同，黏聚力和内摩擦角也不一样。从植被植株根系分布特征来看，草被紫花苜蓿根系在土壤中没有完全形成网络结构，灌木柠条根系比较发达，在所有土层中均有较多分布，且根径分布均匀，在土壤中基本形成了三维网络结构。因而，本试验中测定的灌木坡面黏聚力和内摩擦角比草被坡面的黏聚力和内摩擦角大。

8.1.4　不同被覆坡面黏聚力与年均侵蚀产沙量的关系

植被的水平根系和垂直根系盘根错节地穿插在边坡土体孔隙中，一方面植被根系将其周围的细土颗粒凝聚在一起，使土壤黏聚力增大；另一方面根系又被其周围的土颗粒层层包住而被锚固在土壤中，如同在土壤中增加了细微钢筋。根系对土壤产生显著的加筋作用，从而起到固土作用，使土壤的黏聚力强度增大。从图 8-8～图 8-11 可以看出不同被覆坡面随着黏聚力的增大，而坡面侵蚀产沙量均呈减小的趋势，裸地的黏聚力最小，蚀产沙量最大；灌木地黏聚力最大，因而产沙量最小。

从图 8-8 中可以看出，植被坡面黏聚力明显大于裸地坡面黏聚力。绥德辛店沟裸地、草地和灌木坡面的黏聚力分别为 7.4 kPa、12.2 kPa 和 15.6 kPa，裸地、草地和灌木坡面的侵蚀产沙量分别为 31.5 kg、4.6 kg 和 2.6 kg。

采样结果分析表明，延安燕沟裸地、草地和灌木坡面的黏聚力分别为 13.7 kPa、14.3 kPa 和 17.5 kPa，裸地、草地和灌木坡面的侵蚀产沙量分别为 21.3 kg、1.16 kg 和 0.49 kg（见图 8-9）。

采样结果分析表明，神木六道沟裸地、人工草地和天然草地坡面的黏聚力分别为 10.3 kPa、11.8 kPa 和 12.6 kPa，裸地、人工草地和天然草地坡面的侵蚀产沙量分别为 49 kg、0. 91 kg 和 3.09 kg（见图 8-10）。

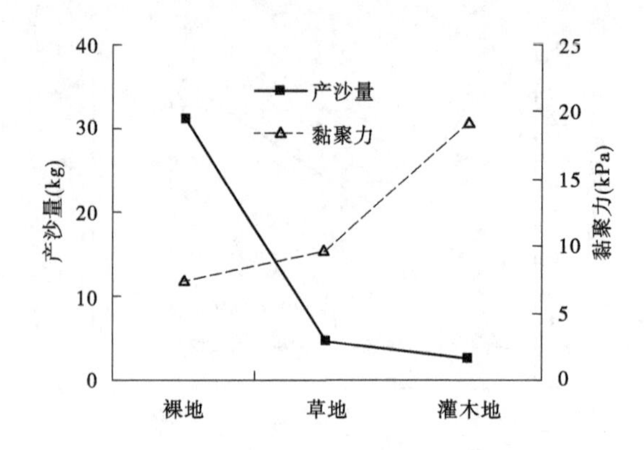

图 8-8　绥德辛店沟不同被覆坡面黏聚力与侵蚀产沙量的关系

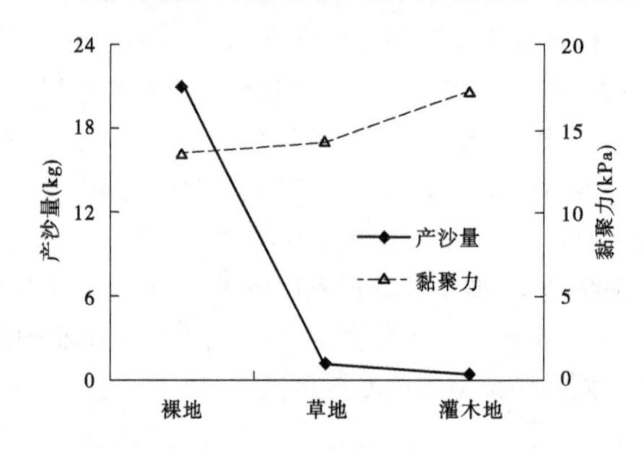

图 8-9　延安燕沟不同被覆坡面黏聚力与侵蚀产沙量的关系

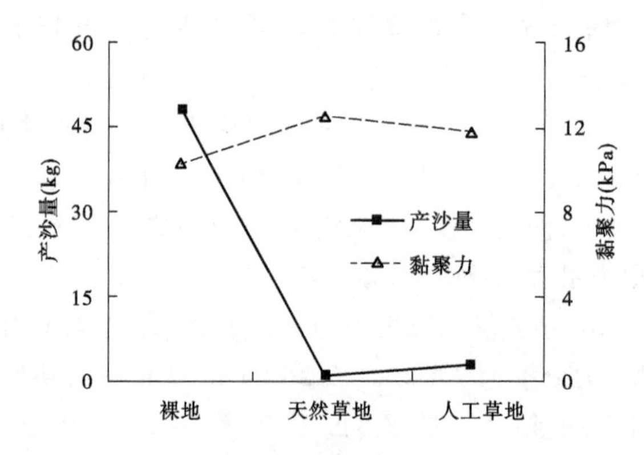

图 8-10　神木六道沟不同被覆坡面黏聚力与侵蚀产沙量的关系

为了判别不同被覆坡面黏聚力与侵蚀产沙量的关系，对研究区不同被覆坡面的产沙量与黏聚力进行了相关分析，发现侵蚀产沙量与黏聚力呈较好的负相关关系，其关系式为 $y=3\ 366.6x^{-2.658\ 4}$，即随着黏聚力的增大，产沙量呈下降的趋势(见图 8-11)。

8.1.5　不同被覆类型对土力学性质的影响

为探求草被对坡面水沙关系的作用机制，在裸坡坡面、人工草被坡面和自然修复坡面

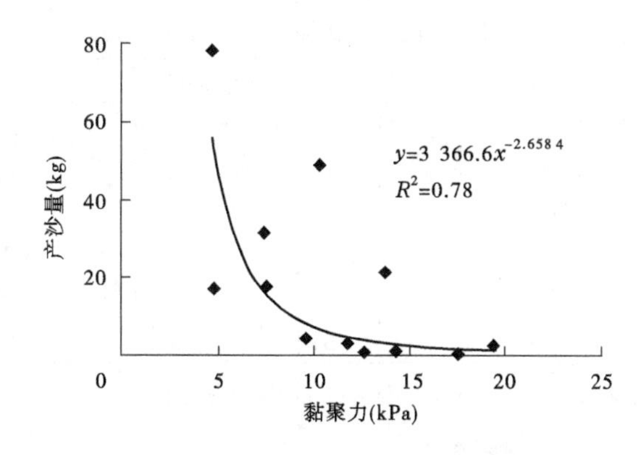

图 8-11　不同被覆坡面黏聚力与侵蚀产沙量的关系

分别取样，两种草被坡面取样点选择草株间，避免草株根系的直接影响，每个取样点取 4 个环刀样，样品经保鲜膜多层密封后带回，委托河南黄科工程技术检测有限公司进行土壤物理指标分析。选取影响土壤入渗的孔隙率和影响土壤抗剪强度的黏聚力、内摩擦角进行分析，见图 8-12。图 8-12 显示，裸坡、人工草被和自然修复坡面的土壤孔隙率分别为 50.74%、53.70%和 54.07%，土壤的凝聚力指标分别为 10.3 kPa、11.8 kPa 和 12.6 kPa，土壤的内摩擦角指标分别为 24.4°、25.9°和 27.7°，种植 2 个多月的紫花苜蓿草被对土壤的孔隙率有明显改善，同时提高了土壤的凝聚力和内摩擦角，对于已实施自然修复三年的自然修复坡面，其坡面土壤孔隙率、土壤黏聚力和内摩擦角均高于人工草被坡面。

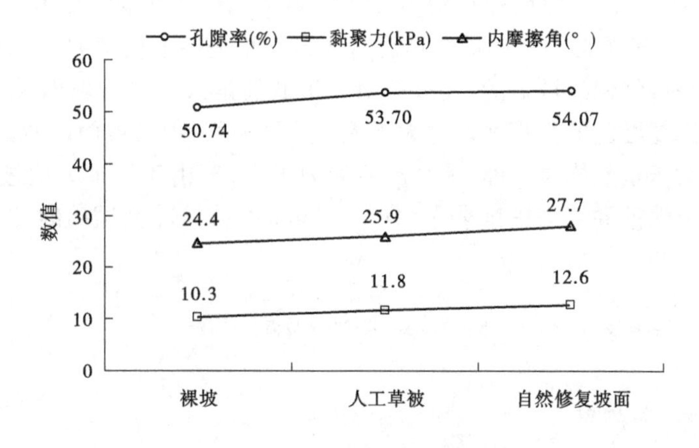

图 8-12　不同被覆坡面土壤物理性质

土壤孔隙率的增加可以增强土壤的入渗能力，使草被坡面的径流量减少，达到通过减水而减沙的效果；土壤黏聚力和内摩擦角的提高，可以增加土壤本身的抗剪强度，增加土壤的抗冲刷能力，显现草被坡面的减蚀作用。

表 8-1 和图 8-13 为不同被覆类型坡面径流平均剪切力，表 8-1 和图 8-13 显示，裸坡坡面的径流剪切力最大，分别为自然修复坡面的 1.8 倍、2.2 倍和 2.4 倍，为人工草被坡面的 2.6 倍、2.6 倍和 2.4 倍。

表 8-1　不同被覆类型坡面径流剪切力　（单位：N/m^2）

被覆类型	4 L/min			6 L/min			9 L/min		
	τ	$\tau_{裸}$（或 $\tau_{人工}$）/ $\tau_{自然}$	$\tau_{自然}/\tau_{人工}$	τ	$\tau_{裸}$（或 $\tau_{人工}$）/ $\tau_{自然}$	$\tau_{自然}/\tau_{人工}$	τ	$\tau_{裸}$（或 $\tau_{人工}$）/ $\tau_{自然}$	$\tau_{自然}/\tau_{人工}$
裸坡	7.659	1.8	2.6	7.573	2.2	2.6	13.271	2.4	2.4
人工草被	2.986	0.7	—	2.904	0.8	—	5.456	1.0	—
自然修复坡面	4.354	—	—	3.461	—	—	5.457	—	—

注：$\tau_{裸}$、$\tau_{人工}$ 和 $\tau_{自然}$ 分别指裸坡、人工草被和自然修复坡面的径流剪切力。

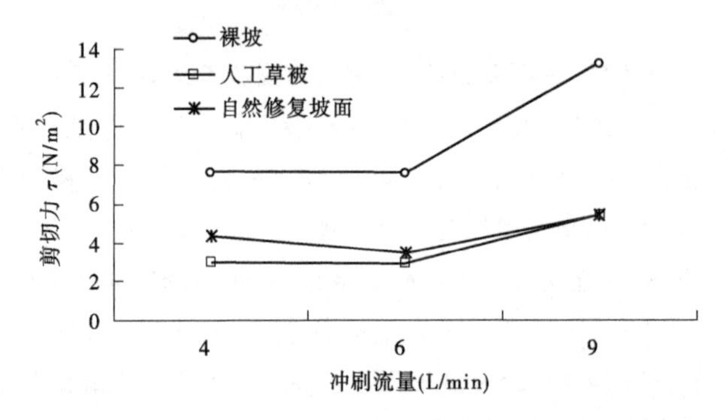

图 8-13　不同被覆类型坡面径流平均剪切力

图 8-14 是不同被覆类型坡面径流剪切力过程线，图中明显反映出，在 4 L/min 和 6 L/min 流量级时，三种被覆类型的坡面径流剪切力分布是各不相同的，其中裸坡的径流剪切力最大，其次是自然修复坡面的，径流剪切力最低的是人工草被坡面，结合前面的分析可知，即使自然修复坡面的径流剪切力大于人工草被坡面，但其坡面产沙量却比人工草被坡面的低，说明对于自然修复坡面，其径流剪切力虽大，但由于近地表层枝叶等覆盖物的存在，其径流挟带泥沙的能力被削弱了；在 9 L/min 流量级冲刷试验时，3 种被覆类型的坡面径流剪切力相互交错在一起。

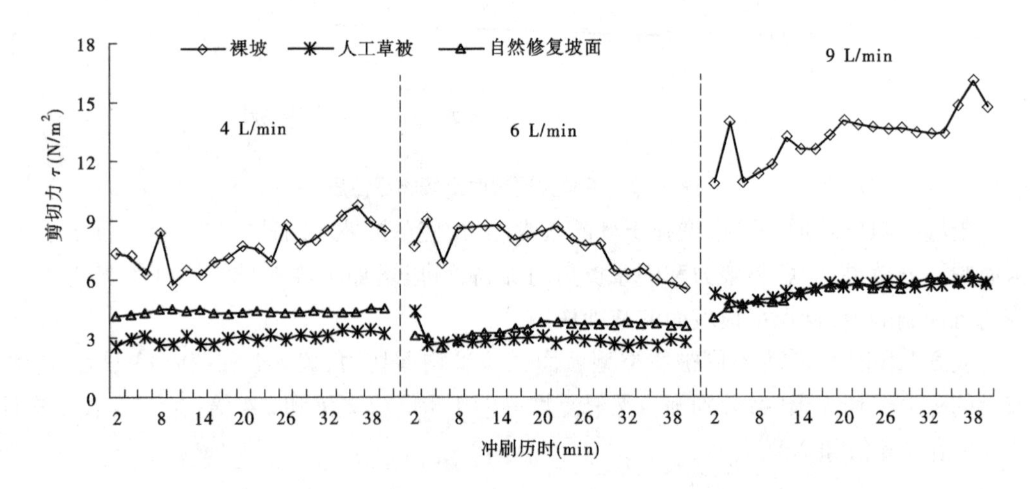

图 8-14　不同被覆类型坡面径流剪切力过程线

8.2　植被增强土壤黏聚力的模拟试验研究

8.2.1　模拟试验研究区概况

试验在河南郑州黄河水利科学研究院模型黄河试验基地进行。试验土槽长 5 m、宽 3 m、深 60 cm。试验时,将土槽用 PVC 板隔成 3 个长 5 m、宽 1 m 的同样大小的土槽。试验包括对照区、草地和灌木地 3 种下垫面处理(见图 8-15~图 8-17)。对照区无任何处理,为裸地坡面。草被和灌木措施为黄土高原常见的紫花苜蓿(*Medicago sativa L.*)和紫穗槐(*Amorpha fruticosa L.*),通过种植密度控制草被和灌木盖度为 65%左右。试验时,草被平均高度为 40 cm 左右,灌木平均高度为 120 cm 左右,已经有较强的固土能力,可以代表野外草被和灌木的实际生长情形。力学土样采样和分析由黄河水利科学研究院工程力学研究所按照《土工试验规程》(SL 237—1999)进行。

图 8-15　裸地坡面取样

图 8-16　草地坡面取样

图 8-17　紫穗槐灌木坡面取样

8.2.2　不同被覆坡面增强土壤抗剪强度的作用

不同下垫面条件下土体抗剪强度曲线如图 8-18、图 8-19 所示,由此看出,草被和灌木由于植被根系的固结作用,土体的抗剪强度明显增加,增大了抵抗径流侵蚀的能力。土壤抗剪强度是土壤抗蚀性的重要指标,土壤抗剪强度大,则在降雨径流冲刷力的作用下,土壤抵抗径流的剪切破坏能力也就增加,从而可以减缓土壤侵蚀的发生。

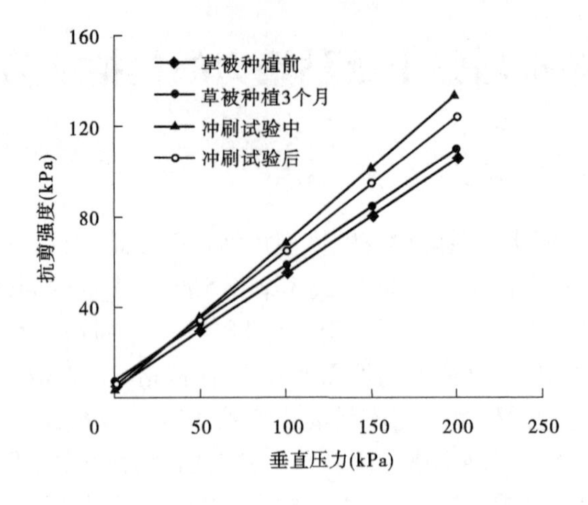

图 8-18　草被坡面抗剪强度曲线

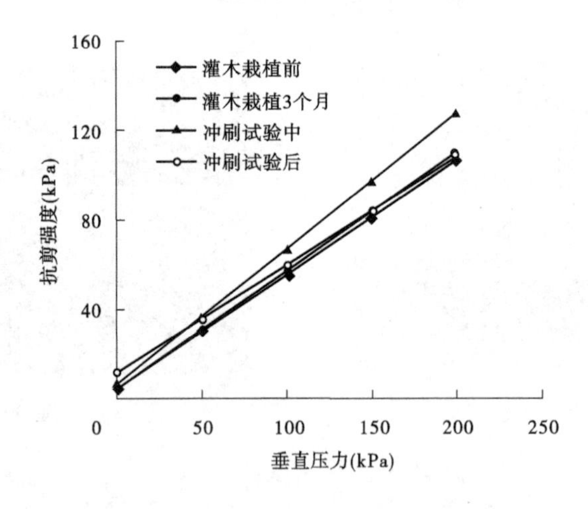

图 8-19　灌木坡面抗剪强度曲线

3 个研究区裸地、草被和灌木直剪试验结果见表 8-2，试验结果表明，不同被覆坡面根系抗剪强度随垂直压力的增大而增大，抗剪强度与剪切面上的法向压力呈正比，符合库仑定律 $\tau_f=C+\sigma\tan\varphi$，二者呈线性关系，相关系数均大于 0.95。

表 8-2　不同被覆坡面直剪试验结果

试验条件	关系式	相关系数
草被种植前	$\tau_f=\sigma\tan27.20°+4.77$	0.98
草被种植 3 个月	$\tau_f=\sigma\tan27.90°+4.93$	0.95
草被冲刷试验中	$\tau_f=\sigma\tan31.40°+6.5$	0.99
草被冲刷试验后	$\tau_f=\sigma\tan25.90°+11.4$	0.96
灌木栽植前	$\tau_f=\sigma\tan28.0°+4.6$	0.98
灌木栽植 3 个月	$\tau_f=\sigma\tan29.10°+7.5$	0.95
灌木冲刷试验中	$\tau_f=\sigma\tan33.40°+3.2$	0.99
灌木冲刷试验后	$\tau_f=\sigma\tan26.80°+5.2$	0.96

8.2.3　不同被覆坡面黏聚力和内摩擦角的变化特征

从表 8-3 可以看到,草被种植 3 个月、草被冲刷试验中和草被冲刷试验后的黏聚力比裸地分别增大了 3%、36%和 139%,草被种植 3 个月、草被冲刷试验中和草被冲刷试验后的内摩擦角比裸地分别增大了 2.5%、15.4%和-4.8%。灌木种植 3 个月、灌木冲刷试验中和灌木冲刷试验后的黏聚力比裸地分别增大了 63%、-30%和 13%,灌木种植 3 个月、灌木冲刷试验中和草被冲刷试验后的内摩擦角比裸地分别增大了 3.9%、19.2%和 4.2%。灌木冲刷试验中和草被冲刷试验后,土壤黏聚力和内摩擦角出现了减小的现象,说明土壤黏聚力和内摩擦角不仅受到了被覆条件的影响,植被坡面含水量、土壤孔隙度等变化对黏聚力和内摩擦角也有一定的影响作用。

表 8-3　不同被覆坡面黏聚力和内摩擦角变化特征

试验条件	黏聚力(kPa)	内摩擦角(°)	黏聚力增幅(%)	内摩擦角增幅(%)
草被种植前	4.77	27.2		
草被种植 3 个月	4.93	27.9	3	2.5
草被冲刷试验中	6.50	31.4	36	15.4
草被冲刷试验后	11.40	25.9	139	-4.8
灌木栽植前	4.60	28.0		
灌木栽植 3 个月	7.50	29.1	63	3.9
灌木冲刷试验中	5.20	33.4	-30	19.2
灌木冲刷试验后	3.20	26.8	13	4.2

8.2.4　不同被覆坡面黏聚力与侵蚀产沙量的关系

图 8-20 为不同被覆坡面黏聚力与侵蚀产沙量的关系,从图 8-20 中可以看出,裸地、草地和灌木坡面的黏聚力分别为 4.6 kPa、7.8 kPa 和 4.9 kPa,裸地、草地和灌木坡面的侵蚀产沙量分别为 78.3 kg、17.8 kg 和 17.1 kg。模拟试验中,不同被覆坡面黏聚力与侵蚀产沙量的关系比较复杂。

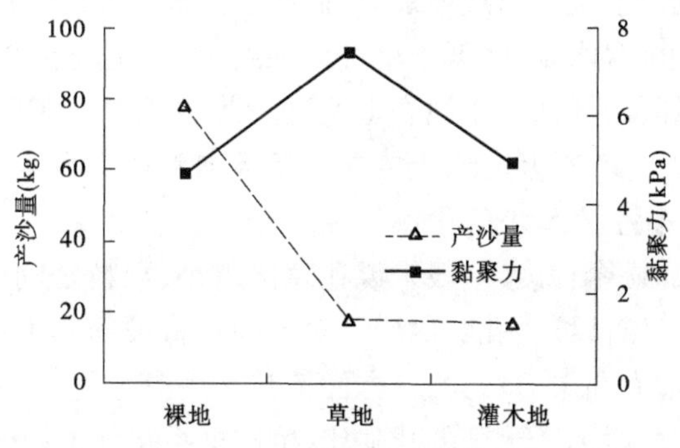

图 8-20　不同被覆坡面黏聚力与侵蚀产沙量的关系

8.3　不同被覆坡面黏聚力的影响因素分析

坡面黏聚力不仅明显受到了被覆条件的影响,含水量、干密度、孔隙比、饱和度及黏粒组成对黏聚力也有重要的影响作用。用相关分析法对野外不同被覆坡面土壤黏聚力和各相关因素进行相关分析(表8-4),发现各相关因素变化对黏聚力影响程度不同,其中含水量、饱和度和黏粒组成与黏聚力的相关性较好。

表8-4　黏聚力及其相关因素变化的相关系数

参数	黏聚力	含水量	干密度	孔隙比	饱和度	黏粒组成
黏聚力	1					
含水量	−0.64	1				
干密度	−0.33	0.285	1			
孔隙比	0.34	−0.09	−0.94	1		
饱和度	−0.51	0.92	0.57	−0.43	1	
黏粒组成	0.69	0.03	0.49	−0.47	0.15	1

利用统计分析方法,对黏聚力 C 与含水量 W、干密度 ρ、孔隙比 K、饱和度 B 和黏粒组成 N 进行多元回归分析,其结果为

$$C = 10^{10.4} W^{-9.5} \rho^{-0.39} K^{7.9} B^{-8.1} N^{11.6} (R = 0.75) \tag{8-2}$$

从回归方程可以看出,黏聚力与含水量、干密度及饱和度呈负相关,与孔隙比和黏粒组成呈正相关。变量系数绝对值的大小可以反映其变化对黏聚力贡献率的大小。比较各变量系数可以看出,对于不同被覆坡面,黏粒组成对黏聚力的贡献率最大,含水量次之,干密度的贡献率最小。这也说明,对于不同被覆坡面,黏粒组成是黏聚力的主导因子,与前述相关因子分析的结果类似。

土壤含水量是影响土壤抗剪强度的一个重要因素。当土壤含水量增加时,水分在土粒表面形成润滑剂,从而使内摩擦角逐渐减小,对黏性土来说,含水量的增加会使薄膜水变厚,自由水在一定程度上也会出现增加,从而使土壤抗剪强度降低。降水后水分首先是湿润地表,增大地表土壤含水量,降低土壤抗剪强度,坡面土壤在径流作用下首先在抗剪强度最薄弱处遭到破坏,破坏面位于地表土壤这一薄层之内。随后通过土壤孔隙渗入土壤内部,使原本非饱和土变成饱和土,土壤含水量增加到最大含水量,此时坡体土壤抗剪强度降低,导致坡体失稳引发滑坡等土壤侵蚀。

孔隙比表示土体的松密程度,一般来说孔隙比越小,颗粒之间的接触越紧密,剪切时需要的破坏外力变大。植被坡面孔隙比增大对不同被覆坡面黏聚力影响反而是增大的,表现为随着孔隙比的增大黏聚力增大,一方面植被根系改善了土壤的理化性质导致土壤的孔隙比增大,另一方面增加了土壤的孔隙比,植被根系起到了加筋作用从而增加了黏聚力,因而植被根系坡面黏聚力随着孔隙比的增加反而出现了增大的现象。

8.4　植被增强抗剪强度力学模型验证分析

植物减蚀作用通过地上冠层、茎叶及枯枝落叶等水文效应和地下根系加筋网、横向支撑及竖向锚固等力学效应控制水土流失。国内外学者关于植物地上部分截留降雨、削弱雨水击溅、缓解地表径流等水保效应做了大量研究,而植物根系生长在不可见的土壤介质中,伴随植物的动态生长根系分布表现出随机性和不规则性,使得植物根系的固土作用机理表现出复杂性与不确定性。Waldron,Wu 等[93-94]提出并推导了第一个根系力学平衡理论公式(Wu-Waldron 模型)。随后,周德培等,郭维俊等[95-96]进行了大量试验,提出了一系列的根系固土力学模型。

当单根植物根系与剪切面正交,土体中有剪切力发生时,根的错动位移使根产生拉力,根被拉断的瞬间发挥出的抗拉强度为 Tr,切线方向的分量 $Tr \cdot \sin\theta$ 可抵抗剪切变形,直接增加土壤抗剪强度,沿法线方向的分量 $Tr \cdot \cos\theta$ 可增加剪切面上的法向应力,该分量对抗剪强度的增量为 $Tr \cdot \cos\theta \cdot \tan\varphi$。根土复合体抗剪强度的增量为

$$\Delta\tau = Tr(\sin\theta + \cos\theta\tan\theta) \tag{8-3}$$

对于穿过剪切面上所有发挥作用的根系而言,土体抗剪强度的增量则为

$$\Delta\tau = Tr(A_R/A_S)(\sin\theta + \cos\theta\tan\varphi) \tag{8-4}$$

式中:A_R 为剪切面所有发挥作用的根系截面面积之和;A_S 为剪切破坏面面积。

同理,计算植物根系空间结构下的抗剪强度增量力学模型。Wu 等[94]在野外及室内试验的基础上,发现($\sin\theta+\cos\theta\tan\theta$) 对 θ、φ 的通常变化范围($40° \leqslant \theta \leqslant 70°, 20° \leqslant \varphi \leqslant 40°$) 不敏感,其值基本保持在 1.0 ~ 1.3。穿过剪切面上的所有根系对土体抗剪强度的增量通常简写为 $\Delta S = 1.2Tr(A_R/A_S)$,这就是说,根系产生的土体抗剪强度的增量与根系的平均抗拉强度和根面积比呈正比。这一简化的 Wu-Waldron 模型[94]是迄今为止解释植物根系增强坡体稳定性最直观、最简单、最有效的模型之一。

根的力学特性受直径影响很大,研究表明,随着直径的增加,根的强度有降低的趋势。抗拉强度和直径之间存在如下关系[97]:

$$T = aD^b \tag{8-5}$$

式中:T 为根的抗拉强度;D 为根的直径;a、b 为不同物种的经验常数。

野外不同被覆坡面和模拟降雨条件下抗剪强度简化模型计算出的抗剪强度增量与试验所得的抗剪强度增量对比如表 8-5 和表 8-6 所示。

表 8-5　野外不同被覆坡面抗剪强度验证分析对比

试验下垫面条件		直剪试验抗剪强度值(kPa)	增幅(%)	力学模型抗剪强度值(kPa)	增幅(%)
绥德	裸地	44.3		44.3	
	草地	54.2	22	62.3	40
	灌木地	60.7	37	64.6	45

续表 8-5

试验下垫面条件		直剪试验抗剪强度值(kPa)	增幅(%)	力学模型抗剪强度值(kPa)	增幅(%)
延安	农地	59.0		59.0	
	草地	64.5	9	75.4	27
	灌木地	68.4	15	82.6	40
神木	裸地	55.6		55.6	
	人工草地	60.3	8	63.6	14
	天然草地	65.0	16	69.4	24

表 8-6　模拟试验不同被覆坡面抗剪强度验证分析对比

试验下垫面条件	直剪试验抗剪强度值(kPa)	增幅(%)	力学模型抗剪强度值(kPa)	增幅(%)
草被种植前	55.5		55.5	
草被种植 3 个月	58.9	6	68.4	23
草被冲刷试验中	69.1	24	79.3	42
草被冲刷试验后	64.8	16	74.2	33
灌木种植前	56.1		56.1	
灌木种植 3 个月	57.8	3	63.1	12
灌木冲刷试验中	67.5	20	72.4	29
灌木冲刷试验后	59.9	7	66.8	19

从表 8-5 和表 8-6 可以看出,由抗剪强度力学模型计算出的根系抗剪强度增加的幅度比试验得出的抗剪强度增加的幅度要大,分析其原因主要是模型中假设所有的根系都与剪切面垂直相交,且剪切时所有根系同时被拉断,而忽略了剪切过程中部分根系没有被拉断试样就破坏或不同根系被拉断的时间不一致等因素,导致模型计算出的抗剪强度比直剪试验得出的抗剪强度要大。

通过试验和力学模型等,均可以看出植物根系对土壤抗剪强度的提高具有较大的贡献,植物根系能较大幅度提高土壤抗剪强度的黏聚力。然而,植物根系提高土壤抗剪强度的研究是一个集材料力学、土壤学、岩土力学、生态学等多学科于一体的综合学科,力学模型验证分析部分对土壤根系的分布形态特征假设必然会引起一定的误差,植被根系固土的力学过程模拟是后续研究的重点。

8.5　土壤侵蚀力学原理

从土壤侵蚀力学来看,土壤水蚀是雨滴对土壤的击溅剪切作用和径流对土粒的冲刷剪切作用的过程综合,径流对土体的破坏过程是土体抗剪能力丧失的过程,水力侵蚀是水与土壤力共同作用的结果,土壤侵蚀过程实际是水对土壤做功的过程。

坡面径流的形成是降雨和下垫面因素相互作用的结果,由于土壤入渗作用,降雨起初主要进入土壤孔隙中,而后坡面出现填洼,当降雨强度大于土壤入渗速率时,坡面开始出现薄层水流。土壤水力侵蚀的产生是薄层水流和土壤发生作用的结果。研究表明,在坡面径流作用下,土壤颗粒主要沿着坡面地表被剥离、运输,而不是被扬起。剥离作用产生时,也会出现某些小土块直接被剥离地表的情况,但随着水力的作用,土块会出现崩解和分散,形成颗粒或团粒。随着水流能量状态的削弱,当低于土壤颗粒到运输所需要的能量时,就会出现沉积。因此,土壤水力侵蚀的过程是土壤颗粒被分离、搬运和沉积的过程。

当地表径流流经坡面地表时,由于地表土壤颗粒表面粗糙不平,地表径流与地表土粒相接触后因摩擦而对地表土粒产生摩擦阻力 F_1(又称肤面接触力)。在土粒雷诺数 $Re<3.5$ 时,摩擦阻力是主要作用力,当土粒雷诺数 $Re>3.5$ 时,土粒顶部的流线发生分离,在土粒背水面产生涡辊,使得土粒前后产生压力差,造成形状阻力 F_2,F_1、F_2的合力以 F_D表示,称为拖曳力。地表径流流经土粒时,颗粒顶部的径流流速和底部的渗透流速不同,顶部流速高、压力小,底部流速低、压力大,从而造成压力差,根据伯努利方程,产生对土粒的上举力 F_L。因此,地表径流流经坡面地表土壤时,径流对土壤产生的作用力有拖曳力 F_D和上举力 F_L。土壤被侵蚀破坏时存在许许多多大小不一的鳞片状破坏面,土壤在径流作用下主要以接触质的形式离开地表土壤,坡面径流作用在地表土壤的上举力 F_L一般不足以举起土壤颗粒,即径流上举力 F_L一般比土壤颗粒重力小,土壤被径流沿地表剪切破坏。此时,土壤与径流拖曳力和上举力相抗衡的主要是土壤抗剪强度(包括黏聚力 C 和内摩擦力 f)。这里,将径流的拖曳力 F_D和上举力 F_L可以合称为径流切应力 τ,土壤抗剪强度和其他阻碍土粒起动的作用力组成了土粒分散的临界切应力 τ_0。当径流切应力大于土壤颗粒被分散的临界切应力时,坡面土壤就会产生侵蚀[98]。

地表径流对土壤的物理力学作用见图 8-21。坡面坡度为 θ,重力为 F_W,土壤颗粒之间具有的黏聚力为 C,坡面径流产生的上举力为 F_L,浮力为 F_b。由于植被和地表覆盖物的作用,雨滴溅蚀作用较弱,植被坡面主要研究坡面径流的侵蚀作用,土壤颗粒所受到的动力平衡条件为

$$F_{DC} + F_W\sin\theta = (F_W\cos\theta - F_L - F_b)\tan\varphi + C \tag{8-6}$$

土壤水力侵蚀发生过程和机理主要有以下特征:首先,降水超过土壤的抗渗能力才能形成地表径流,土壤在径流作用下,部分出现崩解和分散,此阶段侵蚀作用与土壤孔隙和结构密切相关。随后,为使土粒分离,径流必须克服土壤的抗剪作用,主要是土壤的摩擦阻力和黏聚力作用。当径流切应力大于土壤临界切应力时,土粒开始起动,产生冲刷和搬运,从而出现侵蚀产沙量。

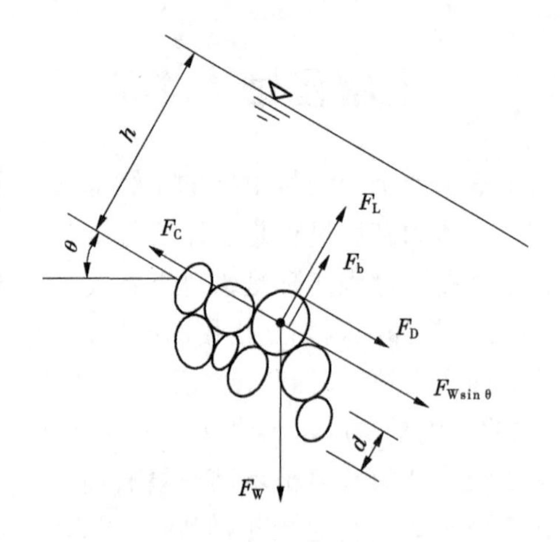

图 8-21 坡面侵蚀力学关系概化图

8.6 植被增强土壤抗蚀性的力学模式分析

坡面水力侵蚀的发生取决于坡面径流侵蚀营力与地面土壤自身抵抗侵蚀能力的对比关系,地面植被的存在,改变了侵蚀营力在坡面上的空间分布,增强了地面土壤的抗侵蚀能力。草地增强土壤抗蚀性的作用一方面通过改变土壤的入渗特性实现,同时与草地增强抗蚀性的力学效应紧密联系。植被的力学效应源于植物体与土壤的机械相互作用,包括根系的土壤加强作用、锚固约束作用及表面根网固土作用。对于草本植物而言,主要是土壤增强作用。根系对土壤的加强作用体现在增加土体的黏聚力上,从而提高抗滑移抵抗力。草地坡面侵蚀过程就是侵蚀动力与侵蚀阻力在坡面上的土颗粒或土颗粒集合体间相互消长的过程,其中侵蚀动力包括雨滴击溅力和坡面径流力,侵蚀阻力包括土壤黏聚力和地表摩擦力。雨滴击溅力主要是用来破坏土壤黏聚力,击实地表,堵塞土壤下渗孔隙,产生地表径流并扰动水流。

试验中,草被灌木长势良好,雨滴击溅力对草被坡面的作用可以近似忽略。以薄层水流下理想坡面的小块面积 ds 处的土壤颗粒为对象,进行受力分析(见图 8-22),土壤颗粒受径流切应力、重力的分力 $G\sin\theta$、土壤颗粒的黏聚力 C、地表摩擦力,颗粒间的摩擦角为 φ,那么在坡面流作用下,土壤颗粒受到的动力平衡条件为

$$\tau + G\sin\theta = T + C \tag{8-7}$$

式中:$T=(G\cos\theta)\times\tan\varphi+T_g$,$T_g$ 为草根提供的摩擦力。

当水流的切应力满足土体动力平衡条件时,土壤颗粒就有可能处在一种被分离的临界状态,临界切应力 $\tau_0=T+C-G\sin\theta$。但此时径流仍不能将土壤分离,其分离能力应是大于临界切应力 τ_0 的那部分水流切应力 $\tau-\tau_0$。

假设在坡面面积 dA 处径流分离土壤 dt 时间,坡面产沙量为 dm,土壤颗粒被分离后具有初速度 V_0,根据动量公式有

$$(\tau - \tau_0)\mathrm{d}t = V_0\mathrm{d}m \tag{8-8}$$

将式(8-8)变形并对 t 进行积分,可得坡面 dA 处径流搬运 t 时间的土壤流失量为

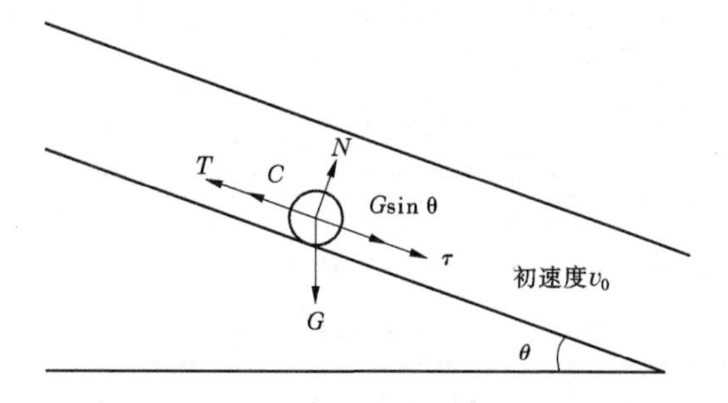

图 8-22　草地坡面土壤颗粒受力分析示意图

$$m = \int_0^t \frac{1}{V_0}(\tau - \tau_0)\mathrm{d}t = \frac{1}{V_0}(\tau - \tau_0)t \tag{8-9}$$

如果整个坡面面积 A 的土壤流失量用 M 表示，则

$$M = \int_0^A \frac{1}{V_0}(\tau - \tau_0)t\mathrm{d}A = \frac{1}{V_0}(\tau - \tau_0)At \tag{8-10}$$

令$\frac{1}{V_0}=K$，则单位时间和面积内的输沙率 S 可表示为

$$S = K(\tau - \tau_0) \tag{8-11}$$

可以看出，此模型和 Nearing[99]研究的径流分散能力的表达式类似，可用于坡面水流土壤侵蚀量预测和评价土壤的抗蚀性。从上述模型可以看出，土壤颗粒分离的临界切应力 τ_0 越大，坡面产沙量越小，所以土壤颗粒分离的临界切应力能很好地反映土壤抗蚀性强弱。

8.7　植被增强土壤抗蚀性的定量评价

径流切应力是分离土壤的主要动力。坡面输沙率(g_s)与径流切应力(τ)的拟合关系见表 8-7，不同植被条件下坡面输沙率随径流切应力的增大而增大，具有较好的线性相关关系。从表 8-7 中可以看出，输沙率 $g_s \geqslant 0$，裸地的径流切应力 $\tau \geqslant 0.86$ N/m^2，即 0.86 N/m^2 为裸地坡面临界径流切应力。同理，可以推出草地的临界径流切应力为 2.86 N/m^2，灌木地的临界径流切应力为 1.65 N/m^2。

坡面径流输沙率主要取决于径流侵蚀能力与地表泥沙的补给能力，水土界面径流切应力可以克服土粒之间的黏聚力，使得土粒疏松分散，从而为径流侵蚀土壤提供物质来源。径流切应力越大，作用于土壤的有效切应力就越多，剥离的土壤越多，侵蚀越严重。因而坡面输沙率与径流切应力之间存在一定的相关关系。坡面侵蚀发生的径流切应力大于临界径流切应力时，才会有坡面侵蚀发生，因而临界径流切应力体现了不同下垫面条件下土壤抵抗径流分散和搬运土壤颗粒能力的强弱。草地和灌木地坡面侵蚀时，其临界径流切应力分别是裸地的 3.3 倍和 1.9 倍，表明草地和灌木地具有较强的抵抗径流侵蚀的能力。

表 8-7　不同植被条件下坡面输沙率(g_s)和径流切应力(τ)的拟合关系

试验区	拟合方程	相关系数	样本数	临界径流切应力(N/m^2)
裸地	$g_s=8.79\tau-7.56$	$R^2=0.79$	38	0.86
草地	$g_s=15.57\tau-44.48$	$R^2=0.81$	42	2.86
灌木地	$g_s=12.99\tau-21.44$	$R^2=0.85$	59	1.65

土壤水力侵蚀发生时,土粒分离前需克服临界切应力,土壤抗蚀性与临界切应力密切相关。土壤抗剪力作为土壤抗侵蚀力学的主要作用力,是临界切应力的主要组成部分。当临界切应力改变时,土壤黏聚力和抗剪强度均发生相应趋势变化,临界径流切应力与土壤抗剪强度和黏聚力的结果见表 8-8。

表 8-8　不同被覆坡面的力学指标分析结果

试验区	黏聚力(kPa)	抗剪强度(kPa)	临界径流切应力(N/m^2)
裸地	4.6	106.4	0.86
草地	7.5	110.7	2.86
灌木地	4.9	110.1	1.65

不同被覆坡面抗剪强度与临界径流切应力的关系如下:

$$\tau_0=0.376\tau_f-39.26\quad R=0.85$$

不同被覆坡面黏聚力与临界径流切应力的关系如下:

$$\tau_0=0.601C-1.62\quad R=0.96$$

临界径流切应力与抗剪强度和黏聚力具有较好的相关性,说明临界径流切应力主要取决于土壤的抗剪强度和黏聚力,这几个指标较好地反映了土壤侵蚀力学作用,可以作为评价土壤抗蚀性的指标。

8.8　小　结

通过采用野外不同植被坡面土样和室内模拟降雨试验,研究了植被坡面黏聚力变化过程,结论如下:

(1)不同被覆植被坡面根系抗剪强度随垂直压力的增大而增大,抗剪强度与剪切面上的法向压力呈正比,符合库仑定律 $\tau_f=C+\sigma\tan\varphi$。由于植被根系的固结作用,植被坡面土壤的抗剪强度明显增加,增大了抵抗径流侵蚀的能力。

(2)绥德辛店沟和延安燕沟流域草地与灌木地的黏聚力是裸地黏聚力的 1.04~2.11 倍,神木六道沟流域人工草地和天然草地的黏聚力是裸地黏聚力的 1.21~1.22 倍。绥德辛店沟和延安燕沟流域草地与灌木地的内摩擦角是裸地内摩擦角的 1.09~1.19 倍,神木六道沟流域人工草地和天然草地的内摩擦角是裸地内摩擦角的 1.03~1.14 倍。

(3)草被种植 3 个月、草被冲刷试验中和草被冲刷试验后的黏聚力比裸地分别增加了 3%、36%和 139%,草被种植 3 个月、草被冲刷试验中和草被冲刷试验后的内摩擦角比裸地分别增加了 2.5%、15.4%和-4.8%。灌木种植 3 个月、灌木冲刷试验中和灌木冲刷试验后的黏聚力比裸地分别增加了 63%、-30%和 13%,灌木种植 3 个月、灌木冲刷试验中和草被冲刷试验后的内摩擦角比裸地分别增加了 3.9%、19.2%和 4.2%。

(4)野外试验区不同植被坡面侵蚀产沙量与黏聚力呈良好的负相关关系,随着黏聚力的增大,产沙量呈下降的趋势。模拟试验中,不同被覆坡面黏聚力与侵蚀产沙量的关系比较复杂。坡面黏聚力不仅明显受到了被覆条件的影响,含水量、干密度、孔隙比、饱和度和黏粒组成对黏聚力也有重要的作用。

(5)抗剪强度力学模型计算出的根系抗剪强度增加的幅度比试验得出的抗剪强度增加的幅度大,主要是模型中假设所有的根系都与剪切面垂直相交,且剪切时所有根系同时被拉断,导致模型计算出的抗剪强度数值偏大。

在对植被坡面侵蚀阻力和根系固土黏聚力变化过程的研究基础上,从力学方面揭示了植被阻延水流运动增强土壤抗蚀性的机理,临界径流切应力、抗剪强度和黏聚力较好地反映了土壤侵蚀力学作用,可以作为评价土壤抗蚀性的指标。

参 考 文 献

[1] Cerda A. Soil erosion after land abandonment in a semiarid environment of southern Spain[J]. Arid Soil Research and Rehabilitation, 1997,11:163-176.

[2] Carroll C, Halpin M, Burger P, et al.The effect of crop type,crop rotation, and tillage practice on runoff and soil losson a Vertisol in central Qweenland[J]. Soil Research, 1997, 35:925-939.

[3] 侯喜禄,曹清玉.陕北黄土丘陵沟壑区植被减水减沙效益研究[J].水土保持通报,1990,10(2):33-40.

[4] 董万荣.定西黄土丘陵沟壑区土壤侵蚀规律研究[J].水土保持通报,1988,10(3):1-15.

[5] 罗伟祥,白立强,宋西德.不同盖度林地和草地的径流量和冲刷量[J].水土保持学报,1990,4(1):30-34.

[6] 焦菊英,王万忠.人工草地在黄土高原水土保持中的减水减沙效益与有效盖度[J].草地学报,2001,9(3):176-182.

[7] 熊运阜,王宏兴,白志刚,等. 梯田、林地、草地减水减沙效益指标初探[J]. 中国水土保持,1996 (8):10-14.

[8] 白志刚. 从无定河流域“94 · 8 · 4”暴雨洪水看林草措施的减蚀作用[J]. 中国水土保持,1997(7):17-19.

[9] 吴钦孝,赵鸿雁.植被保持水土的基本规律和总结[J].水土保持学报,2001,15(4):13-15.

[10] 申震洲,刘普灵,谢永生.不同下垫面径流小区土壤水蚀特征试验研究[J].水土保持通报,2006,6(3):6-9,22.

[11] 唐克丽,王斌科,郑粉莉,等.黄土高原人类活动对土壤侵蚀的影响[J].人民黄河,1994,17(2):13-16.

[12] 白红英,唐克丽,张科利,等. 草地开垦人为加速侵蚀的人工降雨试验研究[J].水土保持研究,1993(1):87-93.

[13] 刘斌, 罗全华, 常文哲, 等. 不同林草植被覆盖度的水土保持效益及适宜植被覆盖度[J].中国水土保持科学,2008,6(6):68-73.

[14] 余新晓. 森林植被减弱降雨侵蚀能量的数理分析(Ⅰ)[J].水土保持学报,1987(2):24-30.

[15] 余新晓. 森林植被减弱降雨侵蚀能量的数理分析(Ⅱ)[J].水土保持学报,1987(3):90-96.

[16] 张洪江. 晋西不同林地状况对糙率系数 n 值影响的研究[J]. 水土保持通报,1995,15(2):10-21.

[17] 郭忠升. 水土保持植被建设中的三个盖度:潜势盖度、临界盖度和有效盖度[J].中国水土保持,2000(4):30-31.

[18] 余新晓,张学霞,李建牢,等.黄土地区小流域植被覆盖和降水对侵蚀产沙过程的影响[J],生态学报,2006,26(1):1-8.

[19] 刘淑燕,余新晓,信忠保,等.黄土丘陵沟壑区典型流域土地利用变化对水沙关系的影响[J]. 地理科学进展,2010,29(5):565-571.

[20] 郑明国,蔡强国,王彩峰,等.黄土丘陵沟壑区坡面水保措施及植被对流域尺度水沙关系的影响[J],水利学报,2007,38(1):47-53.

[21] 许炯心.无定河流域侵蚀产沙过程对水土保持措施的响应[J].地理学报,2004,59(6):972-981.

[22] 和继军,孙莉英,李君兰,等. 缓坡面细沟发育过程及水沙关系的室内试验研究[J].农业工程学报,2012,28(10):138-144.
[23] 崔灵周,李占斌,郭彦彪,等.基于分形信息维数的流域地貌形态与侵蚀产沙关系[J].土壤学报,2007,44(2):197-203.
[24] 陈国祥,姚文艺. 坡面流水力学[J] .河海科技进展,1992(6):7-12.
[25] Abrahams A D,Parsons A J. Hydraulics of inter rill overland flow on stone-covered desert surfaces[J]. Catena,1994(23):111-140.
[26] Abrahams A D,Li G,Parson A J. Rill hydraulics on a semiarid hill slope in southern Arizona[J].Earth Surface Processes and Landforms,1996(21):35-47.
[27] Emmett W W. Over land flow[C] //Hill slope Hydrology. New York:John-Wiely and Sons,1978:145-176.
[28] Foster G R,Huggins L F,Meyer L D. A laboratory study of rill hydraulics Ⅰ:Velocity relationship[J]. Transaction of the ASAE,1984,27(3):790-796.
[29] 张旭昇,薛天柱,马灿,等.雨强和植被覆盖度对典型坡面产流产沙的影响[J].干旱区资源与环境,2012,26(6):66-70.
[30] 吴普特. 动力水蚀实验研究[M].西安:陕西科学技术出版社,1997.
[31] 张科利.黄土坡面发育的细沟水动力学特征的研究[J].泥沙研究,1999(1):56-61.
[32] 丁文峰,李占斌,丁登山. 坡面细沟侵蚀过程的水动力学特征试验研究[J].水土保持学报,2002,16(3):72-75.
[33] 张光辉.坡面薄层流水动力学特性的实验研究[J].水科学进展,2002,13(2):159-165.
[34] 王文龙,雷阿林,李占斌,等 .黄土丘陵区坡面薄层水流侵蚀动力机制实验研究[J].水利学报,2003,34(9):66-71.
[35] 李占斌,鲁克新 .透水坡面降雨径流过程的运动波近似解析解[J].水利学报,2003,34(6):8-15.
[36] Abrahams A D,Parsons A J,Wainwright J. Resistance to over land flow on semiarid grass land and shrub land hill slopes,Walnut Gulch,southern Arizona[J]. Journal of Hydrology,1994(156):431-446.
[37] Horton R E. Erosional development of streams and their drainage basin: hydrophysical approach to quantitative morphology[J]. Geo. Soc. AM, 1945,56:275-370.
[38] Emmett W W. Overland flow[C]// Hillslope Hydrology. New York:John Wiley & SonsLtd, 1978:145-175.
[39] Gilley J E, Kottwitz E R, Simanton J R. Hydraulic characteristics of rills[J]. Transactions of ASAE,1990,33(6):1900-1907.
[40] Hsieh P C, Susan B. Laminar surface water flow over vegetated ground[J]. Journal of Hydraulic Engineering, 2007,133(3):335-341.
[41] 李勉,姚文艺,陈江南,等. 草被覆盖下坡面-沟坡系统坡面流阻力变化特征试验研究[J] .水利学报,2007,38(1):112-119 .
[42] 潘成忠,上官周平. 降雨和坡度对坡面流水动力学参数的影响[J] .应用基础与工程科学学报,2009,17(6):843-851.
[43] 田风霞,刘刚,郑世清,等.草本植物对土质路面径流水动力学特征及水沙过程的影响[J] .农业工程学报,2009,25(10):25-29.
[44] 于国强,李占斌,李鹏,等.不同植被类型的坡面径流侵蚀产沙试验研究[J].水科学进展,2010,21(5):593-599.
[45] 肖培青,姚文艺,申震洲,等. 植被影响下坡面侵蚀临界水流能量试验研究[J].水科学进展, 2011,

22(2):229-234.

[46] Bryan B,Govers G,Poessen J. The concept of soil erodibility and some problems of assessment and application[J]. Catena,1989,16:393-412.

[47] Bui E N,Box J R. Stemflow,rain through fall,and erosion under canopies of corn and sorghum[J]. Soil Science Society of America Journal, 1992,56:242-247.

[48] Elliot W J,Liebnow A M,Laflen J M, et al. A compendium of soil erodibility data from WEPP cropland soil field erodibility experiments 1987 and 1988[R]. Washington,DC:NSERL. Rep. no. 3. U. S. Gov. Print. Office,1989.

[49] Poudel D D, Midmore D J, West L T. Erosion and productivity of vegetable systems on sloping volcanic ash-derived philippine[J]. Soil Science Society of America Journal,1999,63:1366-1376.

[50] Moir W H, Ludwig J A,Scholes R T. Soil erosionand vegetation in grasslands of the peloncillo mountains, New Mexico[J]. Soil Science Society of America Journal,2000,64:1055-1067.

[51] Olson K R,Gennadiyev A N,Jones R L,et al . Erosion patterns on cultivated and reforested hillslopes in Moscow Region. Russia[J]. Soil Science Society of America Journal,2002,66:193-201.

[52] 朱显谟.黄土地区植被因素对水土流失的影响[J].土壤学报,1960,8(2):110-120.

[53] 蒋定生.黄土抗蚀性的研究[J].土壤通报,1978(4):20-23.

[54] 朱显谟,田积莹. 强化黄土高原土壤渗透性及抗冲性的研究[J] .水土保持学报, 1993,7(3) :1-10.

[55] 李勇,朱显谟,田积莹. 黄土高原植物根系提高土壤抗冲性的有效性[J].科学通报,1991,36(12):935-938.

[56] 刘国彬,蒋定生,朱显谟. 黄土区草地根系生物力学特性研究[J] .土壤侵蚀与水土保持学报,1996,2(3):21-28.

[57] 刘国彬. 黄土高原草地土壤抗冲性及其机理研究[J]. 土壤侵蚀与水土保持学报, 1998,4(1):93-96.

[58] 查小春,唐克丽.黄土丘陵林区开垦地土壤抗冲性的时间变化研究[J].水土保持通报,2001,21(2):8-11.

[59] Torri D A. The oretical study of soil detachability[J]. Catena (supplement),1987,10:15-20.

[60] Tien H W. Soil-root interaction and slope stability[C]// Proceedings of the first Asia-pacific conference on ground and water bioengineering for erosion control and slope stabilization. Manila, Philippines. IECA. 1999. 514-521.

[61] Waldron L J, Dakessian S. Soil reinforcement by roots: calculation of increased soil shear resistance from root properties[J]. Soil Sci. 1981,132(6):427-435.

[62] Gray D H. Role of woody vegetation in reinforcing soil and stabilizing slopes[C]// Proceedings of symposium on soil reinforcing and stabilizing techniques. Sydney, Australia. 1978.253-306.

[63] O' Loughlin C L, Ziemer R R. The importance of root strength and deterioration rates upon edaphic stability in steepland forests[C]// Carbon uptake and allocation in subalpine ecosystems as a key to management. Proceedings of A IUFRO Workshop PI, 107-100.

[64] Ekanayake J C, Marden M, Watson A, et al. Tree roots and slope stability. A comparison between pinus radiata and kanuka[J]. For. Sci., 1997,27(2):216-233.

[65] Waldron L J, Dakessian S. Soil reinforcement by roots: calculation of increased soil shear resistance from root properties[J]. Soil Sci., 1981,132(6):427-435.

[66] Endo T, Tsuruta T. The effect of tree roots upon the shearing strength of soil[R]. Annual Report of the Hokkaido Branch,Tokyo Forest Experiment Station,1969.

[67] 范兴科,蒋定生. 黄土高原浅层原状土抗剪强度浅析[J].土壤侵蚀与水土保持学报,1997,3(4):69-75.

[68] 代全厚,张力.嫩江大堤植物根系固土护堤功能研究[J]. 中国水土保持,1998,12:36-37.

[69] 解明曙.林木根系固坡力学机制研究[J] . 水土保持学报,1990,4(3):7-14.

[70] 程洪,谢涛,唐春,等.植物根系力学与固土作用机理研究综述[J] .水土保持通报,2006,26(1):97-102.

[71] 查轩,唐克丽.水蚀风蚀交错带小流域生态环境综合治理模式研究[J].自然资源学报,2000,15(1):97-100.

[72] 唐克丽,侯庆春,王斌科,等. 黄土高原水蚀风蚀交错带和神木试区的环境背景及整治方向[J].中国科学院水利部西北水土保持研究所集刊,1993(12):1-15.

[73] 陈江南,左仲国,王国庆,等.从泾河"2003 · 08"大暴雨看水措施的蓄水保土作用[J].中国水土保持,2005(6):21-22.

[74] 姚云峰,王礼先.水平梯田减蚀作用分析[J].中国水土保持,1992(12):40-41.

[75] 冉大川,李占斌,李鹏,等.大理河流域水土保持生态工程建设的减沙作用研究[M].郑州:黄河水利出版社,2008.

[76] 康玲玲,姚文艺,王云璋.皇甫川流域水土保持措施对洪水影响的初步分析[J].水土保持学报,2001,15(5):29-32.

[77] 张胜利,于一鸣,姚文艺.水土保持减水减沙效益计算方法[M].北京:中国环境科学出版社,1994.

[78] 王万中,焦菊英.黄土高原水土保持减沙效益预测[M].郑州:黄河水利出版社,2002.

[79] 黄委会黄河中游治理局.黄河流域水土保持蓄水保土效益计算[J].中国水土保持,1990(5):20-24.

[80] 许炯心.流域产水产沙耦合对黄河下游河道冲淤和输沙能力的影响[J].泥沙研究,2011(3):49-58.

[81] 包为民.小流域水沙祸合模拟概念模型[J].地理研究,1995,14(2):27-34.

[82] Horton R E. Erosional development of streams and their drainage basins; hydrophysical approach to quantitative morphology[J]. Bulletin of the Geological Society of America, 1945,56:275-370.

[83] Everaert W. Empirical relations for the sediment transport capacity of interrill flow[J]. Earth Surface Processes and Landforms, 1991,16:513-532.

[84] Huang C. Empirical analysis of slope and runoff for sediment delivery from interrill areas[J]. Soil Science Society of America Journal, 1995,59:982-990.

[85] Alonso C V, Neibling W H ,Foster G R. Estimating sediment transport capacity in watershed modeling [J]. Transactions of the ASAE, 1981,24:1211-1220,1226.

[86] Julien P Y, Simons D B, Sediment transport capacity of overland flow[J]. Transactions of the ASAE, 1985,28:755-762.

[87] Guy B T, Dickinson W T, Rudra R P. Evaluation of fluvial sediment transport equations for overland flow [J]. Transactions of the ASAE, 1992,35:545-555.

[88] Govers G , Rauwas G . Transporting capacity of overland flow on plane and irregular beds[J]. Earth Surface Process and Landform, 1986,11:515-524.

[89] 吴长文,陈发扬. 坡面土壤侵蚀及其模型研究综述[J].南昌水专学报, 1994,13(2):1-11.

[90] 王协康,敖汝庄,喻国良,等.坡面雨滴溅蚀及其输沙能力的探讨[J].四川联合大学学报(工程科学版),1999,13(2):1-11.

[91] Moor L P, Burch G L. Sediment transport capacity of sheet and rill flow: Application of unit streampower theory[J]. Water Resources Research, 1986,22(8):1350-1360.

[92] 杨志达,泥沙输送理论与实践[M].李文学,姜乃迁,张翠萍,译.北京:中国水利水电出版社,2000.

[93] Waldron L J.The shear resistance of root permeated Ho-mo-geneous and stratified[J].Soil Science Society of American Proceedings,1977: 843-849.

[94] Wu T H,Mcomber R M,Erb R T,et al. Study of soil-rootinteraction[J]. J. Geotech. Eng.,1988,114 (12) :1351-1375.

[95] 周德培,张俊云.植被护坡工程技术[M] .北京: 人民交通出版社,2003.

[96] 郭维俊,黄高宝,王芬娥,等.土壤—植物根系复合体本构关系的理论研究[J] .中国农业大学学报,2006(2):35-38.

[97] 王琼,宋桂龙,辜再元.边坡生态防护中草本植物根系的力学试验研究[C]//工程绿化理论与技术进展—全国工程绿化技术交流研讨会论文集.北京:全国工程绿化技术交流研讨会,2008.

[98] 姚文艺,汤立群. 水力侵蚀产沙过程及模拟[M] .郑州: 黄河水利出版社,2001.

[99] Nearing M A, Foster G R, Lane L J.A process-based soil erosion model for USDA-water erosion prediction project technology[J].Trans. of ASAE,1989,32 (5):1578-1593.